卡耐基经典读本：全5册

语言的突破

[美]戴尔·卡耐基◎著 朱吉亮◎译

中国纺织出版社有限公司

内 容 提 要

现今社会，不断学习，获得新的知识是每个人都需认真对待的事情，置身于这个信息高速发展的时代，你会深切地体会到“逆水行舟，不进则退”的道理。不断充实自己，努力做到更好，才是竞争中处于优势地位的长久之道。

本书从突破的角度出发，向每一个渴望进步的人讲述进取的重要性，它告诫我们，在瞬息万变的现代社会，我们一定要继续努力，再接再厉，朝着人生最美好的目标前进。最终，我们将会成就自己与众不同的人生。

图书在版编目（CIP）数据

卡耐基经典读本：全5册. 语言的突破 /（美）戴尔·卡耐基著；朱吉亮译. --北京：中国纺织出版社有限公司，2021.6（2023.10 重印）

ISBN 978-7-5180-6476-2

Ⅰ.①卡… Ⅱ.①戴… ②朱… Ⅲ.①成功心理—通俗读物②演讲学—通俗读物 Ⅳ.①B848.4-49②H019-49

中国版本图书馆CIP数据核字（2019）第159959号

责任编辑：李 杨　　责任校对：高 涵　　责任印制：储志伟

中国纺织出版社有限公司出版发行

地址：北京市朝阳区百子湾东里A407号楼　邮政编码：100124

销售电话：010—67004422　传真：010—87155801

http://www.c-textilep.com

中国纺织出版社天猫旗舰店

官方微博http://weibo.com/2119887771

大厂回族自治县益利印刷有限公司印刷　各地新华书店经销

2021年6月第1版　2023年10月第2次印刷

开本：880×1230　1/32　印张：32

字数：682千字　定价：148.00元（全5册）

序

1933年，我开始对身处纽约的商务人士进行培训，一开始，我所设置的只是有关演讲的课程，目的是通过实践来培养这些商务人士在商业活动中清楚、有效地表达自己观点的能力。

几年以前，我们在“卡耐基基金会”的赞助下，进行了一项深入调查和研究，研究表明：一个人在事业上是否有成就，15%取决于他的智商，剩下的85%则取决于他的表达能力，也就是人际关系的处理能力、说话的技巧以及说服他人的能力。

日常生活中，我们谁都避免不了要与人打交道，人际交往活动的综合，其实就构成了我们的生活。对于用人单位来说，只要愿意支付周薪25~35美元，就能招到各类型的人才，而且这些人才还是供大于求的，但是有一些人才却是急缺的，这些人往往有主见、能说服别人，他们如果是团队领导者，往往能带领团队走向成功。对此，约翰·洛克菲勒说过：“如果像糖果和咖啡一样可以用钱买到与人相处的本事的话，那么，无论多少钱我都愿意支付。”

在我们的培训班开课以前，我做过一项调查，以了解学员们参加培训班的原因，调查表明，这些学员都有着极为相似的原因：“当我被要求站起来在众人面前说话时，我觉得特别别扭，我很恐惧和害怕，这让我的心久久不能平静，根本无法集中注意力，甚至忘记了自己刚开始要说的主题了，所以我希望通过培训班的学习能获得当众讲话的自信心，能轻松表达自己，在表达时还能富有逻辑性，进而让人信服。”

有一点，我十分有自信，我相信我们培训班上的每一位学员都能获得自己所期望的效果，但学员们必须要知道的一点是，一定要想象并且相信自己能做到。要想象未来一定会实现，然后努力将其变成现实。

心理学家威廉·詹姆斯曾说："假如你足够关注某项工作，那你一定能完成它；假如你希望将事情做好，你就能做好；假如你希望获得财富，你就能获得财富；假如你希望学习到知识，你就能学习到知识。只有心中满怀希望，你才能专注于眼前的目标，而不至于将精力分散到一些无足轻重的小事上。"

学习如何当众讲话，即便你很少有机会参与这样的场合，你也能从中收获不少。不过，你需要随时留心你的目标，当你在众人面前说话时，一定要保持积极乐观的心态，将你的思想注入你要说的每一个词语中。

本书是我进行演讲培训的唯一一本教科书，当然，这本书并不是教条式的写法，而是结合了大量的学员经验，进行了大量的研究，并一步步积累起来的。

当然，任何学习都要靠自制力，这正如萧伯纳所说："假如你强迫别人去做某件事，那就别指望他真的能将这件事做好。"学习何尝不是如此呢？你只有自觉去学，才能学好。另外，如果你想切实地掌握本书中提到的方法，你就要寻找实践这些方法的机会，如果你仅仅盯着这些观点，你永远不可能学会，你也会很快忘记这些方法，任何知识，只有转化为实践，才能彰显价值。

戴尔·卡耐基

目录

第一篇

成功演讲的基本原则

第一章　演讲的基本技巧

1912年，我创办了卡耐基公共演讲课程。我们都知道，这一年是不平凡的一年，因为就是这一年“泰坦尼克”号沉船于大西洋。从1912年至今，我一直致力于提升人们的语言水平，并且，已经有75万人顺利从我的培训班中毕业。

在首期卡耐基培训班开课前的动员大会上，学员们可以讲出自己为什么要报名参加这个培训班，以及希望在培训班中获得怎样的收获，每个人的答案都不相同，但他们的答案都表达了一个基本需求：“我一到人群中说话，就会紧张、害怕和窘迫，以至于一开口就思维混乱，无法集中注意力甚至忘记了自己原本想要表达什么样的中心思想，所以我希望通过培训班的学习，让自己镇定、冷静地思考问题，让自己说话时更富有逻辑，更有说服力。”

这是不是也是你的切身感受？你是否也有这样的愿望——在公共场合侃侃而谈，谈吐镇定自若，使自己说出去的话更有说服力？

我相信，你有这样的想法，当你打开这本书开始翻阅时，就已经说明了一切。

如果现在我们面对面交谈，我想你会问我一个问题：“卡耐基先生，您觉得我面对很多人时，我有能力做好演讲吗？”

我穷尽一生精力都在鼓励人们如何战胜内心的惧怕、树立勇气与自信，如果将学员在课堂上发生的一切编辑成故事，那么，就能出现很多本书了，但是我编写本书的目的，是希望大家能掌握书里提到的这些建议，我相信你一定能成功。

不知道你是否有这样一些尴尬的经历：你在坐着的时候可以好好地思考和说话，但是一站到众人面前，你就无法正常地思考了，甚至紧张到身体不自觉地发抖，一想到这种尴尬的境地，你是否很沮丧？不过，你要相信，只要你认真接受培训，这些都是可以改变的。

为了尽量帮你理解和学习书中的原则，并且能学以致用，我们提供了四个阅读“路标”。

激发自己的勇气

没有谁天生就是演说家，都是后天学习培养的。以前，演说被称为一门高雅的艺术，无论是措辞还是陈述，都有很高的要求。那个时候，要想成为大家公认的演说家并非易事，但现在，公共演讲就如同平日里的交谈一般平常，也不再需要运用华丽的辞藻和夸张的台风了。我们经常在一些生活中极为常见的场合甚至是厨房和吃饭时听到电视广播里别人斩钉截铁地讲话，这些讲话就是来自日常生活。所以，我们可以说，演说其实是与我们平等地交流，而不是居高临下地向我们灌输思想。

我不知道其他学校运用什么样的教学方式，但我认为，公共演讲不能被当成一种封闭的艺术。要想掌握它的技巧，并不需要学习那些晦涩难懂的修辞学理论，也不需要卖力地练习发声。我认为，公共演讲并不难，并且，我还想向大家提供一些建议。

1912年我第一次授课时，其实我和我的那些学员一样对演讲也是知之甚少的。那个时候，我还是按照自己在密苏里沃伦斯堡大学授课的方法讲课，但是很快，我发现，这一方法并不合适，要知道，我所培训的并不是那些大学新生，而是一些商务人士，一味地向他们灌输韦伯斯特、布克、皮特和康奈尔的思想观点，起不到任何作用。

对于我的学员而言，他们更需要的是有足够的勇气能在每周的会议上做一个清晰顺畅的工作报告。不久后，我抛开教科书，走上讲台，用真实案例进行讲课和分析，并和学员们一起训练，直到他们学有所成。我发现，这一方法效果好多了，他们当中的不少人，后来又回到培训班继续学习。

无论是在我的办公场所还是我的家中，都可以看到来自各个行业和领域的感谢信。这些感谢信有来自工业界领袖的，他们是美国很多主流报纸的风云人物；有来自政界人物的，还有来自大学校长和娱乐界电影明星的，还有一些是来自普通民众的，如家庭妇女、民众、教师和工人等，他们的目的都是想增强自信，让自己有勇气在公共场合说话。

这里，我有必要提及一下我曾经的一名学员。

他是一名来自加利福尼亚州的成功商人，名叫根特。很多年前，他找到我，准备加入我们一起学习。一次，我们在一起吃饭，他问我："以前我尽量避免在很多人面前说话，但如今我已经是一所大学的理事会主席，我不得不开口了，您觉得我已经一大把年纪了，还能学会吗？"相信不少学员也有过这样的疑问。当然，答案是肯定的。

时隔3年，我们又因为机缘巧合，在曾经的餐桌上一起吃饭，他想到了从前的事，我问他我的回答是否准确，我提醒他回忆一下3年前我们的谈话内容时，他笑着掏出一本笔记本，然后给我看了接下来几个月他要进行的演说安排。他告诉我："在公共场合说话的能力和勇气，以及从中体验到的快乐，以及我对这个社会所做的贡献，是我这一辈子最自豪的事。"

除此之外，还有更为令他感到自豪的，他告诉我，他所在的教会邀请过英国首相来演讲，而他就是当时的主持人。

是的，我们真的很难想象，就是这样一个出色的演说者，3年前还在自我怀疑。

我们再来说一个例子：

一天，古特瑞奇公司董事局主席大卫·古特瑞奇找到我，他问我："我每次只要站起来在很多人面前说话，就好像变成了口吃患者，一直都是如此，但我不得不主持董事局的会议。一直以来，我和大家相处得都非常融洽，但前提是我和大家坐着交谈，一旦站起来，我就几乎无法开口说话了。卡耐基先生，我的问题很严重，我不大相信你可以帮助我改善。”

听完他的话，我笑着说：“如果您觉得我没有能力帮您，为什么要来找我呢？”

他回答说：“我们公司有个会计，是个内向和腼腆的人，平时我们看到他的时候，他都是低着头从我们面前走过，几乎不说一句话，但最近我看他完全像变了一个人，他走起路来步步生风，还会大方地和我打招呼：‘早啊，古特瑞奇先生。’我当时震惊极了，所以有一天我很好奇地问他，为什么有这样的变化，他告诉我，他参加了您的培训班学习，所以我就慕名来了。”

我告诉他，如果他能按时来上课，且按照我们的建议去学习的话，我能保证几个星期后，他也能有焕然一新的改变。

他激动地说：“如果真是如此的话，那么，我就是这个国家最幸福的人了。”

最后，他报名参加了。

3个月以后，他真的和以前不一样了。为了鼓励新学员，我邀请他参加在阿瑟特饭店大厅举行的演讲，但是因为之前他已经答应了另外一场演讲，所以不能来。

第二天，他亲自给我打电话说，他已经辞掉了那场演讲，因为如果不来和大家分享他的心得的话，他会感到不安，他说要用自己的改变来让大家消除内心的恐惧。

也许你根本想不到，原来我们商量好他只讲两分钟，但是面对着3000多名听众，他侃侃而谈，竟然说了11分钟。

在我的讲座上，这样的奇迹实在太多了。学习了课程，很多人获得了改变，有的改变甚至是我们完全想象不到的，有的学员还在日后获得了成就。

我们再来听听马里奥·劳泽的故事吧。

几年前，我突然收到一封从古巴寄来的电报，内容是："如果你不回复我的电话，我就不去参加你的课程。"发电报的人叫马里奥·劳泽，我思前想后，脑海里并没有这个人的印象。

后来，他从古巴赶到了纽约，告诉我："哈瓦那乡村俱乐部的创始人马上要过50岁生日了，我们打算为他举办生日宴会，我被推选来进行演讲，并为其颁发奖杯，因为我是个牧师。但惭愧的是，我从未在很多人面前进行过演讲，如果这次我失败的话，我以后在大家面前就太没面子了，并且也会损害我事务所的声誉，这就是我为什么从遥远的古巴前来求教您，要知道，我只有3周的时间了。"

听到他的诉求，我立即将他安插到各个培训班，每天进行3~4次的学习。3周后，他如约去哈瓦那乡村俱乐部进行演讲，他的表现非常出色，当时的《时代》杂志还进行了报道，并赞誉马里奥·劳泽拥有一副"铁嘴钢牙"。

这是不是听起来像个传说？确实，他就如同传说一般神奇，但却是20世纪战胜内心恐惧的最伟大的真实事迹之一。

树立理想

只要在公共场合说话，根特先生都会热情澎湃地阐述那些他曾经学到的演讲技巧，他还向我阐述了当时的心情，而这一点其实也是我一直强调的。正是因为他也坚持这一点，所以他走向了成功，他遵循了我提出的原则，并践行了这些原则。当然，我必须要说的是，他之所以这样做，是因为他内心强有力的信念，因为他一直相信自己能成为一名成功的演说家，所以他相信自己只要付出努力，就一定有个很美好的未来。

首先，你必须要培养自信心和决断力，一旦具备了这两点，你将会在社交中有所收获，你将会获得好的人际关系，你会成为大家的焦点，从而有助于你获得成功。

曾任国家现金注册公司董事局主席和联合国教科文组织主席的阿连写过一篇文章——《口才与商界领袖》。这篇文章刊登在《演讲季刊》上，在这篇文章中，有这样一些描述："商海沉浮，我们能看到，很多人正是因为具有出色的演说能力而崭露头角。在很多年前，有个名不见经传的年轻人，他发表了一次精彩的演讲，那个时候，他还只是堪萨斯州分公司的主管，而如今，他已经是公司的销售副总了。”后来，这位副总又成了国家现金注册公司董事局主席，也许你也会诧异，一场演说竟然给一个人的人生带来这么大的变化。

美国思弗公司董事长也曾是我们培训班的学员，他也曾说：“与别人或者合作伙伴进行沟通，对于个人的事业有很大的帮助。”

的确，假如你能站起来自信地发表演说，与他人分享你的思想，你获得的不只是快乐！多年的全球巡游过程中，我发现，最能吸引人的往往是一个人的语言。正如我的一位学员所说：“刚开始的两分钟我很难开口，而演讲结束前的两分钟，我根本停不下来。”

现在，请想象一下，你被邀请进行一个演讲，走上讲台的时候，你满怀信心，大厅里静悄悄的，听众们都在准备听你说。随着演讲的深入，他们的注意力深深地被你吸引，而当你结束讲话后，台下响起来热烈的掌声。即使在后来，大家提到你时，还赞不绝口，相信我，这将会是你人生最自豪的事之一。

著名的心理学家威廉·詹姆斯曾说过这样的六句话，是需要我们谨记的：

无论你做什么，热情很重要。如果你对某个结果很在意，你会成功的。如果你希望成为一个优秀的人，你就能成为一个优秀的人。如果你希望自己获得财富，你必然会得偿所愿。如果你希望自己博学多才，你就真的会努力学习。但无论做什么，你都要脚踏实地，专注于这件事，而不能将注意力放到别的不想干的事情上。

同过去的那些陈旧的演说技巧相比，我们更应该掌握一些最近的成功言说的技巧，它能帮助你重获自信。一旦发现自己竟然也能成为一个出色的演说者、在听众面前侃侃而谈自己的观点，你会发现，过去的自己是那么腼腆和害羞，这简直太没有必要了。你会发生彻底的变化，无论是你的朋友、爱人、父母还是客户都会对你刮目相看，就如我们的学员根特先生一样，通过勇气的获得，他发现自己的性格似乎也发生了变化。当然，我们不能指望这些改变是一朝一夕间能获得的，而是一个潜移默化的过程。

就在不久之前，我曾咨询过美国医学会前主席、亚特兰大的外科医生大卫·奥曼博士，想了解他关于公共演说训练会给人的生理和心理带来什么益处时，他笑着给我写了个处方。我看了看，上面有这样一句话："这种药就在你身上，药店可没有：不要认为自己没有。"

与这句话句意相同的，还有我在办公桌上放着的一句话：

学会陈述自己的心情和想法，努力让别人理解你，当你面对的无论是一个人，还是众人或者一个集体时，都要学会将自己的想法清晰、顺畅地表达出来，只要你愿意努力和尝试，就能达成你想要的沟通效果。

这句话和大卫·奥曼博士给的处方有异曲同工之妙，掌握了这个处方，你就掌握了沟通的秘诀，你就能获得自信心，你会获得成就感，会激发你优秀的潜能，情感表达方式也更为温和，身体机能也会越来越好。

当然，我所了解到的都是他人的感受，所以最终公共演说能产生什么样的效果，我也只能从他人的经验中获得，但我很确信，它有益于人的健康。我自己的经验是：当你能在一些人或者更多人面前演说时，你的自信心得以提升，你以后就会做得越来越好，越来越富有热情，这种成功的体验是其他任何感觉无法替代的。

这是一种很美妙的体验，我说的第二大点是要我们树立理想，要相信自己能做好演讲，也就是前面威廉·詹姆斯说的：如果你对某个结果很在意，你就会成功的。

生涯规划

我曾参加过一个电视访谈类节目，主持人问我学习过的最重要的课程是什么，并希望我用三句话表达出来。我的回答是："最重要的是了解他人的思想，只要我知道你内心所想，我就能认识和了解你，因为每个人的思想是不同的，而一个人的思想一旦改变，那这个人也会改变。"

在你了解了进行演讲培训的目的——增强自信心、勇气与培养自己的社交能力后，那么，接下来你就要落到实处了。你需要思考的是怎样才能达到目标，你必须要积极乐观、相信自己，要将练习落实到每一个词语上。

要想让自己的演讲成为他人难忘的经历，就要持之以恒地练习，并坚持自己的理想，下面我们说的这个故事可以表明坚持的重要性。

有一位年轻人，他由一名普通职员，平步青云，却做到了管理层。你也许没想到的是，在他的读书时代，他是个特别害羞和腼腆的人，平时上课连回答问题都不敢。有一次，老师让他上台进行一个5分钟的演讲，但他说话时面色苍白、不知所措，没说几句就匆匆忙下了台。

这样的打击并没有让青年从此沉沦，而是选择了厚积薄发，他告诉自己，一定要成为一名出色的演说家。然后他开始奋斗，功夫不负有心人，最终，他进入美国的联邦政府，成为高级经济顾问，他就是克莱伦斯·兰德尔。

他曾著有一本小说——《自由的信念》，这本书中有这样一段话："如果可以将我这一生演讲获得的成绩清算下的话，那么，我的两个袖口可都装不下奖章了，我曾去过制造业协会的宴会、商业协会、基金筹措会、校友会等各种团体。有一次我在密歇根州斯卡纳做一次爱国主义演说，到最后，我竟然被自己说服，去参加了第一次世界大战。慈善及米奇·尼曾是我争辩的对手，我和哈佛大学校长詹姆斯·布莱特·柯南特、芝加哥大学的罗伯特·赫臣就教育问题展开激烈的讨论，我甚至有勇气用并不熟练的法语进行演说。”

“我认为演说就是要说听众听得懂且想听的话，任何一个商业人士都可以学习这一点，只要他真的愿意。”

这里，我十分赞同兰德尔先生的话。的确，任何人，要想成为一名优秀的演说家，关键还是要有强烈的成功愿望。如果这种愿望自己和他人都能感受到，那么，实际上你的社交能力已经在进步了。

我有一位学员，他现在很成功，但数年前，他还是一位建筑工人。在进行一次演说前，他精心准备了很久，他满怀信心，认为自己一定会成为全美建筑业协会的发言人，这是他当时的梦想，但他不认为这是空想，并且，他想走遍美国，他想分享自己努力的过程，以及所面对的困难。

这个人的名字想必不少人都很熟悉，他就是乔·哈斯迪克，他的经历让人振奋，他靠自己的努力获得了成功。他学习评述时政、关心地方独立、关心国家政策，他坚持自己的理想，所以每次课程他都会准时参加，每次演讲他都会认真准备，即使再忙，他也不会缺课，他在课堂上的进步很神速，才两个月的时间，他就成为班上最优秀的学员之一。后来，他真的当上了全美建筑业协会的主席。

当年恺撒率领古罗马军队登陆英格兰岛的战争是历史上的一大传奇，军队从高卢出发、横渡英吉利海峡，最后才登上了英格兰。那么，他是怎样做到让自己的军队心怀必胜的信念的呢？

他的做法很大胆，他命令军队扎营在多佛港口的悬崖上，然后命人烧毁了所有的船，命令士兵俯瞰200英尺悬崖下的波涛，看到这一幕，士兵们知道，退路被切断，唯有置之死地而后生，他们唯一可以做的就是勇往直前、击垮敌人。

我们参与演说为何不学习这种必胜的信念呢？斩断身后的路，勇往直前，激发自己的潜能，你就能获得自信和勇气。

学以致用

前面，我说过，一开始我在基督教青年会所教课，那本讲义已经使用很多年了，但我一直保留着，只不过已经被我涂鸦和修改得不成样子了，因为我每次都要往里面加入新的想法，并且删除已经不实用的内容。

无论如何，我坚持的一点是，无论在课堂上学习了什么，都要学以致用，也就是要进行真实的演讲，我让他们最少演讲一次，一般是两次。我认为这样做，才有可能真的让学员敢于并且善于演讲。就像那些学习游泳的人，不下水怎么可能学得会？演讲何尝不是如此，你学习再多有关演说的知识却不实践，就仍然不能从容地说话，我在本书里传授的也都是具体的操作技能，所以所有的建议都必须付诸实践。

乔治·波拿德·肖可以说是全伦敦最害羞的人了。他是个连开口说话都要犹豫很久的人，他深深为此苦恼，但是现在的他却是一个出色的演说家。当被问及是怎样做到的时，他的答案就是：“这就好像我们滑冰一样，不断地摔倒，然后不断地爬起来，慢慢就学会了。”

他还参加了一个热衷于辩论的圈子，每次都在伦敦积极奔走、参加公开的辩论会，每一次都踊跃地与人辩论，终于，他成了20世纪最受人欢迎的演说家。

其实，在我们身边，到处有可以演说的机会，如参加各种社团活动、成为部门的发言人、参与民间集会等，有时候甚至是会上简短的发言或者讲一堂课等，所以，只要一有机会，就要时刻准备着加入其中训练自己。只要你留心，你就会发现，无论是商业的、政治的还是社会化的环境中，你都有这样的机会，所以，大胆站出来吧，向大家说出你的心声和想法。

有位年轻的执行官告诉我：“其实我何尝不知道这样做的益处，但是只要一想到那些烦闷的学习过程我就胆怯了。”

我吃惊地看着他，回答说：“烦闷？你怎么会有这样的想法呢？忘掉烦闷吧，只要你有征服的精神，你一定不会感到烦闷的。”

他继续问：“什么是征服的精神？”

“就是冒险精神，成功的演说能改变一个人孤僻的性格。”我这样告诉他。

最后，他告诉我，他想尝试下。

当你翻开本书，并按照我给的这些指引去看的时候，你就是在进行这一冒险活动了。你的想象力和决断力也会指引你前进，这将会改变你的一生。

第二章 培养演讲者的自信

我的一位学员曾在200多人的大厅里说了这样一番话："卡耐基先生，其实，5年前我就已经站在了你讲课的酒店门外，我在门外踟蹰不定。我知道，一旦我推开门，我就必须要做一次演讲，一想到这点，最后我还是退缩了，我迅速逃离了那里，要是当时我知道战胜自己的畏惧心理其实是这么容易的一件事，我也不会现在才来。"

这是多么深刻且发人深省的一段话，当时演说者的镇定自若让我印象深刻，我相信，此人日后在演说事业上会有更高的成就。作为老师，看到自己的学员战胜了内心的畏惧，能如此泰然自若地演说，我很欣慰，但是同时也有点遗憾，如果5年前或者更早的时候，他就已经做到了这一点，那么，他的成就一定会更大。

作家爱默生曾说："世界上最让人难堪的是畏惧。"随着我从事演说培训事业的时间的增长，我对这句话的理解更深了。同时，我很骄傲我的工作是帮助人们克服恐惧，一开始授课时，其实我自己都不知道这门课会成功地帮助人们克服不自信，而如今，我明白，学习当众演说就能克服畏惧、培养勇气和自信心，因为如果做不到这一点，你根本没法开口演说。接下来是我根据自己多年的教学经验总结出来的一些方法，希望能帮你在短时间内克服畏惧心理、树立自信。

克服畏惧心理

你需要了解几个事实。

事实一：怯场的不光是你一个，据调查研究表明，在高等院校那些选修演说课程的学生中，大多数学生都存在怯场的烦恼。按照我个人的经验，我发现，所有参加培训课程的学员，都怯场!

事实二：一定程度的紧张心理其实对于演说者来说有益无害，它能激发出人的应急意识和能力，所以，当你站在演讲台上，呼吸急促、心跳加速时，你不必害怕，这些都是自然反应，这表明你的身体对外界的反应很灵敏，并且正在做应急准备。如果你能很好地控制和处理这一点，会让你的思维更敏捷，在语言表达上也会更顺畅，你的整体演讲能力也会获得提高。

事实三：即便是那些演说高手或者演讲家，他们也从不否认，他们从未将紧张和恐惧从自己的内心真正消除，甚至在演说开始后的一段时间，他们的内心依然处于怯场状态，但是越是接受更多的训练，这种怯场心理就越会有所缓解。

事实四：怯场的人是因为他们还没有适应在公共场合说话。《思想的来源》的作者罗宾逊教授曾说：“无知和不确定的典型表现便是畏惧。”对于很多人来说，演说是他们未曾接触的领域，这就是导致他们怯场的原因，尤其是对于那些初学者而言，要找到状态太难了，但是如果你想改善你的状态，只有一个方法，那就是不断地练习！

对于所有已经从演说的沼泽地中走过来的人来说，他们有一种共同的体验，那就是，成功的经验会让公共场合的演说成为一种快乐的体验，而非折磨。

这一点，阿尔伯特·爱德华·维根深有体会。

他现在不但是一位心理医生，还是一位杰出的演说家。而在高中时代，他就连一个5分钟的演说都做不到，那么，他是如何实现蜕变的呢？我们来看看他的报告。

那段时间，我真的是生病了吧，只要一想到那个需要演讲的日子终究要到来，我的脸就火辣辣的，恨不得给自己一盆冷水。后来上了大学，我的情况并未有所好转。

有一次，我参加了一次演说，好不容易挤出了几个字：“亚当和杰斐逊……”说完这些，我的脑袋就成了一片糨糊，然后我大声说了句：“亚当和杰斐逊已经与世长辞了……”然后我就再也说不出一句话了，尴尬至极的时候，我鞠了个躬，跑回自己的座位，这时，台下已经开始议论了，校长则说：“爱德华同学，我们对于这一坏消息感到十分抱歉。”这种感觉真的让我简直想找个地洞钻进去，为此，我还生病了好几天。

深受这件事的打击后，我立志一定要成为一名出色的演说家。

大学毕业第一年，我来到了多佛，那段时间，银币自由铸造事件正在发酵且引发了政治风波。一天，我看到了他们组织中的成员在发放宣传单，宣传单上开的都是空头支票，我很气愤。然后我变卖了自己的手表，凑足了车费回到我的家乡印第安纳州。回到家乡后，我马上志愿为银币自由铸造主义者奔走演说，这些人中，很多是我曾经的同学，演讲开始时，我脑海中又闪现出了那场关于“亚当和杰斐逊”的演说，这段痛苦的回忆几乎让我无法开口，还好我将演讲进行下去了。的确，听众和演说者如果能一起忍受一个令人并不愉快的开场白，后面就顺畅多了。这次演说我原本给自己15分钟，但出乎预料的是，我竟然将其演变成了长达一个半小时的长篇演说。

在随后的几年时间里，我自己都为自己的改变感到诧异，我蜕变成为一名职业演说家。现在，我终于知道，“将成功变成惯性”的真正含义了。

其实，事实就是这样，我们也逐渐发现克服恐惧最为便捷的方法，就是从一次成功的演说开始的。

所以，要有勇气在公共场合开口说话，就要尽力控制自己的恐惧，并慢慢提升自己的演说水平。

即使你在演讲的过程中出现了心理紧张现象，并导致思维混乱、吐字不清等，你也不必丧气，因为这些都是很常见的现象，只要你愿意通过自己的努力缓解紧张心理，一切都会变成有利的因素。

准备充分

很多年前，一位政府高官在纽约旋转俱乐部的午餐会上，针对他所谓的部门工作对听众进行了一番演说。

在他开口后一段时间，大家就知道他并没有做多少准备。一开始，他随随便便开了个头，但觉得太随意，于是，他从口袋中掏出一张皱皱巴巴的纸条，一边整理一边说，这个场景显得更为尴尬。时间慢慢地过去，他越来越焦躁，不停地道歉，企图掩盖内心的紧张。最后，他整理纸条的手都在颤抖了，其实这些表现就是演讲者被畏惧打败了，而这一切是由于演讲者缺乏准备。最后，他还是说了“抱歉”后回到自己的座位上。在我的从业经历中，这一次是我见过的最为糟糕的演说之一，因为准备不充分，所以他根本不知道自己要表达什么，也不知道如何表达。

从我1912年创办培训班至今，每年我都要评估5000次演说，多年的评估经验让我相信——演讲只将自信心奖赏给有准备的头脑。如果开口前，你毫无准备，那么，势必会陷入尴尬的境地。

如果你想提升自信心，为演说做足准备能保证这一点，那么，现在的你还在犹豫什么呢？耶稣的使徒约翰说过：“完美的爱能赶跑恐惧。”其实，对于演说来说，完备的准备何尝不能做到这点呢？这正如丹尼尔·韦伯说过的：“毫无准备地参与公共演说，就如同在听众面前裸身一样。”

建议一：切忌死记硬背演讲稿

我们说的准备充分，并不是让我们在上台前将演讲稿背熟。很多演讲者，为了减少演讲中的失误，养成了这样的坏习惯，演讲者就成为演讲稿的奴隶，将大量的时间花在背诵演讲稿上，这样的生搬硬套，只会让整个演讲效果大打折扣。

卡特·波恩是全美新闻评论员协会主席，当他还是哈佛大学的一名学生时，他有一次演讲的经历，他要演说的内容是一则题为《绅士万岁》的短篇故事，他将稿子背得滚瓜烂熟，然后一次次地练习。

比赛时，他刚说出演讲题目——“绅士万岁”时，便卡住了，他感到很焦躁，开始重新按照自己的思路来演说，最后他竟然得了一等奖，这简直太不可思议了。从那次开始，卡特·波恩认识到抛开演讲稿的好处，这一点后来成为他在演讲和播音行业的秘诀，他在谈话时谈吐自然，也是因为他从不事先打草稿。

我们经常看到一些人喜欢背诵演讲稿，这不仅会耽误时间，往往还会弄巧成拙。实际上，语言是沟通的工具，我们所说的话应该是自然流露的，何必把时间浪费在经营词句上，我们的头脑是用来思考的，只要在表达时思维清晰，我们所说的话都会像呼吸一样自然轻松。

即便是伟大的首相温斯顿·丘吉尔也曾因为背诵演讲稿

而让自己陷入尴尬的境地。在他年轻时，他习惯于事先背诵演讲。一次，在英国的议会上，他竟然在当众演讲时卡壳了，已经背得滚瓜烂熟的文字，到开口时居然大脑一片空白，演讲难以继续下去，此时，他不得不重述刚才讲过的话，他憋红了脸，但是即便如此，他还是想不起来接下来自己要说什么，场面十分尴尬。自那次之后，他再也不做这种背诵演讲稿的蠢事了。

如果我们机械地背诵演讲稿，那么，面对听众的时候，要么忘记得一干二净，要么演说起来十分机械、索然无味，因为这种演说不是发自内心的，只是我们记忆的结果。平时，我们与人进行闲聊或者沟通的时候，一般都是先在头脑里想想自己要说什么，然后直截了当地说，而不是琢磨字句，这是贯穿我们一生的说话方式，是不必要改变的。但如果我们违背这一点，也就会和万斯·布什奈尔一样遭遇难堪了。

万斯是巴黎比尤科斯艺术学院的优秀毕业生，毕业后成为世界知名保险公司布氏人身保险协会的副总裁。一次，他要进行一场演说，这次演说的规模很大，听众乃是全美2000名布氏人身保险协会的代表，他之所以被推举出来为大家演讲，是因为他在当时可以说是这一行业的一匹黑马，虽然资历不深，但前途无限。

对于这次邀请，万斯很高兴，这对于他来说是无上的荣誉，然而，他也犯了一个错误，将要演说的内容抄了下来，一字一句地背诵，他排练了40多次，甚至每一个标点都记下来了。他信心十足地参加演讲，认为一定万无一失。

但是他一上台就开始怯场了，他这样开头："在这个计划中，我的任务是……"然后他就说不下去了，慌乱之下，他后退了两步，企图重新梳理自己的记忆，但可惜的是，他失败了，于是，他又后退了两步，如此折腾几次，他一不小心从4英尺高的讲台上跌落下去。

看到这一幕的时候，现场一片哗然，有些人以为这是一场幽默剧，笑得前俯后仰。这样一个搞笑的表演还被写进了该保险公司的历史，一些不知道真相的人甚至以为这是万斯事先安排好的。

这次的经历对于万斯先生本人来说，实在是最糟糕的一段回忆了。他觉得太丢脸了，所以引咎辞职，但是公司的领导并没有批准，因为万斯真的是一名保险销售的天才，只是在演讲上缺乏自信。

几年之后，万斯成为行业里最优秀的演说者之一，他吃了背诵演讲稿的亏，所以再也不那样做了。然而还是有人在摆弄那些废纸，他们认为只有手握演讲稿才会让自己底气更足，其实，这反而会让他们的演说缺乏人情味。当然，没有一份底稿，我们可能记不住关键因素，但至少能让我们说出口的话听起来更富有人情味。

林肯曾说过："我不喜欢做足了所有准备的布道，相反，我更喜欢神父布道时那丰富的手势。"其实，他的意思和我们这里说的无须背诵演讲稿是一个意思，他希望演讲者能改掉乏味的、教条式的风格，希望演说能变得慷慨激昂。

建议二：做足充分的准备

也许你会问，到底怎样是做足了准备呢？其实不难。

回忆你曾经的人生，你会发现，有很多曾经没注意到的想法和观念，它们散落在我们的记忆里，你可以将它们整理出来，然后归纳为你日后演说的主题。

查尔斯·雷纳德·布朗博士是著名的演说家，他曾多次在耶鲁大学发表演说。有一次，他这样说道："认真揣摩你要说的主题，然后将它们大致写出来，你会发现，根据你写下来的这些部分，你会很容易用逻辑将它们联系到一起。"实际上，有这些内容就足够了，接下来，你只需要运用逻辑语言将它们组织好就行了。

建议三：在你的朋友面前预演

无论你的思想内容多么精彩，你还是需要将它们讲出来，所以在你进行了准备后，还是应该彩排一下，其中一个重要的方法就是当着你朋友的面演说。例如，你可以暂且搁置和朋友平时闲聊的话题，就你即将演说的主题中的某个内容与你的朋友闲聊，他很有可能对你说的故事感兴趣，即使他不知道你是在为演说彩排。无论如何，他认为你的谈话很有趣就行了。

历史学家阿兰·奈文斯也提出了类似的观点，他认为："找一个对你要说的问题感兴趣的朋友，你们尽可能多地谈论这一话题，这能帮助你查缺补漏。"

做好成功的准备

前面，我们已经提及这一观点，不过是在说对演说的整体把握，要有正确的态度。当然，在细节上，这一观点同样适合：把握每一个机会去讲述你的成功经验。

下面我们给出几点建议。

建议一：你要演说的主题中

在确定了你要沉浸到说的主题后，就要有计划地进行编排。前面我们也说过，你可以和朋友闲聊你演说的内容，当然，这并不表明你的演说工作结束了，要知道，你必须要明确演说主题的重要性，并且还要有敢于拼搏的精神，也就是要自信。那么，如何让别人信服于你呢？

你需要挖掘出你要说的主题的内涵，谨慎措辞，最重要的是你要让听众沉浸到你的演说中去。

建议二：消除负面心理

如果你总是害怕自己的言辞不准确、害怕犯语法错误的话，肯定不利于你的演说，因为一开始你就在打退堂鼓了，所以你在开场前就要尽量将注意力从自己的身上转移到别人身上，这样能有效地帮你避免怯场。

建议三：自我激励

在不确定自己的演说主题能否引发听众兴趣时，一些人可能认为自己所说的话题并不合适，为此，他们会忍不住去更改主题，此时，这些消极的因素可能会击垮我们的自信心。此时，你可以进行内心的自我对话，以此激励自己。例如，我们可以告诉自己：这个主题太适合了，因为这是我自己的体验和人生感悟；我和在场的所有人一样，都有资格谈自己的心得。当然，这是一种精神胜利法，也许没有什么新意，但现代心理学已经证实，这是帮助我们获得自信最为快捷的方式。

满怀自信进行表演

当一个人不高兴时，最好的方法是假装很高兴，在肢体语言和表情上也要表现出来，一旦你看起来很快乐，那你就真的快乐了。

这是有心理学依据的。美国知名心理学家威廉·詹姆斯曾说：表面上来看，行为是紧随感情之后的，但实际上二者是紧密联系的，我们的意识控制行为，通过行为调整我们可以间接地调整感情，但感情却不能直接被意识控制。

当然，如果这种方法还是不能让你快乐起来，那就没有什么办法了。

总的来说，我们接受威廉·詹姆斯的建议，在演说前我们可以尝试表现出一副勇敢的样子，专心致志地去做，那么，勇气真的可能战胜内心的胆怯和畏惧。

当然，前提还是我们必须准备充分，不然只剩下勇气也只是逞匹夫之勇。假如你确定了自己的演讲内容，那么，就快速大胆地走上台去，同时深呼吸，让头脑呼入新鲜氧气，让自己的情绪稳定下来，此时，你就能获得自信。著名的男高音演唱家琼·罗斯经常说："当你吸入的氧气足够让你站在台上时，你的担忧情绪自然而然就消失了。"

你可以抬头挺胸，正视听众的眼睛，然后理直气壮地讲话，就好像台下的人都欠了你的钱一样，想象他们答应还钱的日子已经到了，但是他们还希望你能宽限几天，这样的心理暗示或许对你有所帮助。

也许你会说，这种方法对我根本不起作用，那么，你可以先与已经学习过本书的人进行交流，先聊几分钟来体验下。

再退一步，如果你根本没机会与他们交流，那么，接下来我讲一个美国人的故事，他就是罗斯福总统。你肯定想不到的是，他曾经也和我们大多数一样内心胆怯，但是他锻炼的方式就是自我暗示，如今他已经是美国人勇气的象征。

在他的自传中有这样一段内容：

一直以来，我都觉得自己是个内心不健康的人，虽然我是个年轻人，但是我很敏感且不自信，为了改变自己的个性，我只能对自己进行痛苦的训练，不过庆幸的是，我做到了。

小时候，我很喜欢读马里亚特的书，因为他的书很有震撼力，我在他的书中读到过一个故事。

内容说的是一艘英国小军舰的舰长给主人公讲的如何克服内心恐惧的故事，我从中也了解到，任何人在刚开始做一件事时都会担心和害怕，但此时，只要你假装勇敢、硬着头皮去做，过了这个阶段后，你会发现，你原来假装的勇敢真的会让你勇敢起来。正是通过内心的自我鼓励，故事的主人公一步步让自己从一个胆小鬼变成了无所畏惧的人。

后来，这一方法也成为我的人生信条，一开始，我会对很多事物恐惧，哪怕是一个小动物，但是我也假装勇敢，最后，内心的恐惧真的不见了。我想，这一方法对所有人都有用。

与战胜其他恐惧相比，战胜在公共场合演说的恐惧，将会给我们的人生带来很多积极的影响，这代表我们接受了挑战，我们会表现得更为出色，因为战胜在公共场合演讲的恐怕其实就是一个自我超越的过程，一旦超越了自我，就会走向更为丰富精彩的人生。

我们来听听下面几位学员的心得。

一位商人："我在同学面前进行了几次演说之后，信心倍增，我认为自己可以应对任何人了。

一天上午，我大胆地来到一位很难搞定的代理商的办公场所，我自信地将自己带来的样品全部拿出来，他还未来得及拒绝，就已经被我折服了，最后我成功签单，这是我在他那里做过的最大的一笔生意。"

一位家庭妇女："一直以来，我都不敢和邻居们大胆开心地交谈，更不敢邀请他们来家里做客，因为我害怕大家快乐的交谈会因为我的格格不入而变得不愉快。后来我参加了几期课程学习，终于大胆地在家里办了一场宴会，我们聊得十分开心。”

一位职员：“以前，我害怕面对顾客，我总是害羞，但是在进行了学习后，我从培训班毕业了，我认为自己有信心做好工作，所以也变得气势十足。从培训班走出去的第一个月，我自己都不相信，我的销售业绩比以前竟然增加了45%。”

以上是我举出的一些学员战胜恐惧和胆怯心理的真实案例，对于他们来说，以前看起来很难的事，如今做起来却十分顺手，他们通过公共演说树立了信心，鉴于此，他们才有信心和勇气挑战未知，相信你也可以做到，相信你也会为自己感到骄傲和自豪！

第三章　成功演说的方便之门

平时我很少看电视，但是就在前几天，一个朋友向我大力推荐，希望我看一档家庭主妇的午后节目，他认为我一定会感兴趣。盛情难却，我打开电视。果然，我看了几次后，就被深深地吸引了。

主持人的做法很睿智，他给予在座的观众均等的发言机会，很明显，这些观众并不是专业演说家，也并不是经过特殊语言训练的人，他们在表达上都不尽完美，但现场沟通十分有趣，并且丝毫不紧张。

那么，他们究竟是怎样做到的呢？我找到其中的答案，并且一直将它作为我培训学员的法宝之一。原来，他们虽然是身份普通的演讲者，但却吸引了观众的注意力，因为他们就是他们所说的故事中的主人公，他们无论是回忆自己曾经出丑的经历，或者是美好的场景，都不是经过精心雕琢的，也没有正规演说那么严谨，甚至还有一些语法错误。然而，正是因为亲身经历，所以吸引了观众。在我看来，做好公共演说，其实有捷径可以走，这需要我们坚持三大原则。

第一，要叙说自己的亲身经历，或经过自己头脑思考的想法。

第二，要充满热忱。

第三，努力激发听众的共鸣。

讲你所熟悉的事

前面，我提到的这个节目，之所以这些人能将故事说得生动有趣，是因为他们正是故事的主人公，他们了解自己的故事并且深有体会。假如让他们讲述那些深奥难懂的组织或者制度，那无疑，这个节目会有多么无趣！

然而，我们周围还是有很多人在犯这样的错误，他们就喜欢找那些自己并不了解也未曾花多少时间学习的主题，如政治理论、爱国主义等，他们会搜罗各种词语加以拼凑，然后含糊其词地将它们堆放在一起，整个演说过程枯燥且沉闷，不少听众听得昏昏欲睡。

几年前，我们培训班的老师们在希尔顿酒店开了一次会议，在这次会上，一个学员这样开始自己的演讲：

自由、平等、博爱是我们人类最美好的词语，如果没有了自由，还谈什么生命和生活呢？

此时，坐在台下的老师们打断了他的讲话，然后问他，你凭什么说服自己相信这番话呢？你能拿出让自己、也让他人信服的证据吗？接下来他讲了一个故事：

他曾经是法国的一名地下战士，当时的法国纳粹党猖獗，他的家人也受到了纳粹党的凌辱和迫害，他细致地为在场的所有人阐述了他和他的家人是如何与纳粹分子周旋，然后秘密来到美国的。

故事结束后，他激动地说：现在，无论我是穿过密歇根大街还是从警察身边走过，我都不必担惊受怕了。我去饭店吃饭，不用出示身份证了。一会儿，等这场会议结束后，我还可以去我想去的任何地方，这就是自由！

话音一落，全场响起雷鸣般的掌声。

建议一：阐述你对生活的理解

只要我们从自己的生活经验入手开始演讲，就能引发听众的兴趣，然而，好像很多人并不理解这一点。他们总认为，自己的生活是琐碎的、无趣的，所以他们喜欢搜罗一些假大空、放之四海而皆准的大道理来说，但是这些话只能成为听众的催眠剂，这就好比晚饭后，我们只希望在晚报上看到一则有见地的新闻，但无奈我们看到的是没有任何意义的社论，当然，社论并不是不好，但并不是任何作者的社论都值得我们一看。所以，作为普通人，我们还是多谈谈自己的生活体验和感悟吧。

据说，作家爱默生是个很好的倾听者，他愿意听任何人倾诉那些琐事，而且能从对方身上有所收获。他曾经说："我想大概再也没有谁能像我这样听过这么多的倾诉了，而且，只要是别人在说自己对生活的感悟，我就很有兴趣听下去。"

此处，我要补充一件事：几年前，我们的一位教师开设了一门公共培训课程，这门课程是针对纽约市立银行高级职员的，这些学员由于工作忙碌，没有时间为演讲准备，抑或是信心不足，所以他们习惯了站在自己的角度演说。其实，他们资源丰富，但却没有好好利用，演讲的效果也一般。

一天，有一位先生，他要进行一场演说。当时，40多个同学已经落座，而他连自己要说什么主题还没想好，所以，在来上课的路上，他随便从路边买了本《福布斯》杂志，径直去演说。在路上，他翻阅了下这本书，然后在里面找到一篇他并不喜欢的文章，但又能如何呢？他必须要在讲台上讲点什么，所以他决定利用下这篇文章的内容。

一个小时后，他开始演讲，他希望将这篇文章中有意思的内容说给在场的同学听，但是结局让他失望了。他根本没时间好好领悟自己要说的内容，而且他说的内容也没有实质性的意义，仅仅是他认为上台不能无话可说，所以他并没有对要讲的话题有深入的了解，又怎么能让听众理解呢？整个演说过程中，他完全没有自己的观点，而是引入那篇文章中的内容，表达作者的意思，很遗憾，人们并不认为这与他要说的主题有什么关系，也不愿意多听。

在他演讲完以后，台下的老师说："杰克逊先生，我们对您说的那篇文章的作者并不感兴趣，因为我们不认识他，而且他也不在现场，并且，今天这场演说的演说者是您，而不是他，我们更希望听到您本人的想法，而不是说别人的想法，您自己的演说应该有自己想说的内容，所以这一话题我希望下周您再讲一次，您可以再读一下那篇文章，看看您是否真的认同里面的看法，如果您认同，就说出您的理由，并用您自己的经验和思想好好阐述一番。"

听了老师的建议，他回去后重新阅读了那篇文章，他发现自己完全不认同文章中的观点，他运用自己在银行多年的工作经验得出了与之不同的论点。到了第二周，他再次登上讲台，他提出了新的思想，也没有再对那篇文章照本宣科，这让他演讲的语言更合理了。很明显，这前后一周的两次演说，哪次更成功、更能打动听众的心已无须多言。

建议二：在自己的知识和经验中寻找主题

有一次，在我们的培训班中，学员们提出让培训班的老师们在字条上写出他们认为的新学员可能会遇到的最大的困难。后来经过统计，大家发现，原来老师们认为最让新学员犯难的是，如何寻找合适的话题。

那么，该如何寻找呢？

我认为，你可以回忆你的生活经历、知识背景，然后将这些部分融合起来，就形成了你要说的主题。

几年前，我们曾经做过一项关于什么话题最受听众欢迎的调查。我们发现，最有吸引力的话题都是有关个人特殊背景的，这里，我们举出实例。

1.儿时成长经历

可以是家庭生活、童年往事，也可以是学校的学习生活，这些都能让听众产生兴趣，因为这能勾起我们对童年的回忆，而且，我们更想听到别人在成长历程中是如何做的。

无论何时，我们都要尽量把自己的童年生活添加到演说中，你还可以引用那些大家都知道的戏剧、故事以及人们在早年遭遇到的一些烦恼。

也许你会问，万一别人对我们的童年往事没有兴趣呢？其实，我们可以这样去衡量，假如你对某件事念念不忘，那么，你就能将它兴致勃勃地讲给听众听。

2.自己曾经的奋斗史

这种经历很励志，一般都能鼓舞人心。例如，你可以回忆曾经在某个岗位上的奋斗事迹；你在某个行业的工作经历；你是怎样排除万难、获得现在令人羡慕的事业的，你为了以后的目标和理想正在做的努力等。总的来说，这一话题是最有把握性的。

3.你的兴趣爱好

人与人不同，每个人的兴趣爱好也有很多的差异，这是很好的话题。你可以说说自己曾经因为喜爱而去做的事，说你喜欢的事物，本身就能激发你的热情。

4.行业经历

如果你在某一行业很有权威或者很专业，那么，你即便是聊自己的工作，听众也会认真地听。

5.特殊的经历

你有没有参加过某位电影明星的见面会？你有没有参加过战斗，体验过生死一瞬间的感觉？你的人生是否曾跌落谷底？如果有，富有激情地将它说出来，相信听众会感兴趣的。

6.信仰与信念

想必你一定想过：当今世界的形势如何，自己对于这一问题的态度又是什么。对于你曾经付出时间和精力的事，你当然有资格谈论。然而，别忽略一点，即使是谈论这些，也不可空谈道理，而应该举出具体实例，没有谁会喜欢听那些陈词滥调，所以千万别随手在报刊亭里买一份杂志或报纸就以为是做足了准备，多谈谈你熟悉和在行的话题，反之，就少谈为妙。

提到演说前的准备工作，我们要继续强调一点，这绝不是大段背诵演讲稿或者随便剪辑一篇二手文章就可以了。那么，到底应该怎么做呢?

我的建议是，要从自己的内心寻找信念，不要担心自己找不到，因为它就在你的内心深处，你也不必担心所表述的那些私人的问题会让听众觉得琐碎，其实，只有这些问题才能调动听众的积极性，他们会认为你的演说很有人情味，比他们听过的任何一场演说都要好。

所以，只有讲你所熟悉的事，才能投入兴趣和激情，才能产生好的演说效果，这是做好公共演说的捷径之一。

谈自己感兴趣的话题

我们都希望自己演讲的话题能调动听众的兴趣，但并不是只要我们愿意去谈，就一定能让听众感兴趣。举个简单的例子，如果你是主张自己动手的人，你自己也是这么做的，那么，你可以跟听众谈谈洗盘子，但实际上，你一点也不愿意这样做。你能确定自己一定能把这个话题说好吗？我们可以确定的，作为一个家庭的主管——那些家庭主妇却能把这个问题说得很精彩，她们每天有洗不完的盘子，她们总希望能找到新的方法来代替自己去做这个工作，她们也可能很恼火为什么自己要洗盘子。无论怎样，她们对这一题目绝对更有发言权，也更来劲。所以，她们可以就洗盘子的题目说得头头是道。

你可能会问，怎样的题目才是合适的演讲题目？这里，有个最为简单的方法，你可以问问自己，在演讲的时候，如果有人站出来反对你的观点，你是否有勇气辩驳或者说有百分之百的信心为自己辩护，如果你有，那么，这一题目就是绝对合适的。

1926年，我到瑞士的日内瓦参加国际联盟第七次会议，对于当时的情况，我后来做了笔记。一些年之后，我再次拿出这些笔记，在自己的笔记中看到这样一段话："我听完了三四个死气沉沉的演讲者的报告，他们简直就是在读手稿。接下来，加拿大的乔治·沃思德爵士上台了，我看到他没有拿任何的纸张、文件，我顿时眼前一亮，实在很值得赞扬。在他要集中注意力演讲的问题上，他会带有一些手势，以此来强调他的观点，他也很热情，他希望听众能了解他内心珍藏已久的观点，这种渴望很真实，就好比窗外日内瓦湖那般清澄明白。在演讲培训课上，我一直强调要运用的那些重要的法则，在他的演讲里，我全部都看到了，而且展露无遗。"

后来，我经常会想起乔治爵士的演讲。在他的演讲中，他表现得真诚、热心，而一个人，只有对自己的题目充满热情，是真心所想，才能有如此真实的表现。

在美国，费舍尔主教是一位很有权威的演讲家，很早的时候，他就懂得在演讲时融入自己的感情很重要。

在他的《过充满意义的生活》一书里有这样的片段：

我被选出参加学院里的辩论队。就在圣母玛利亚辩论的头一天晚上，我被我们的辩论教授叫到了他的办公室内，然后我就被训斥了一顿。

"你就是个名副其实的饭桶！自从我们学院创办以来，还没见过你这么糟糕的演讲者！"

"那，"我为自己辩护，"我既是这样的饭桶，为什么还要我进入辩论队？"

"因为你会思想，而不是因为你会演讲，去，到那边去，把演讲稿中的一段抽出来，然后再讲一遍。"于是，我按照教授的话，把一段话反反复复地讲了一个钟头，然后他问我："看出其中的错误了吧？""没有。"于是，接下来，又是一个半钟头，最后，我实在没力气了，教授问："还看不出错在哪里吗？"

过了这两个半钟头，我找到了问题的关键。我说："现在我知道了，我的演讲没有诚意，我只是纯粹地背诵演讲词，我心不在焉，没有表达自己的情感。"

直到这时，博学的教授才说："现在，你可以讲了！"

经过这件事，费舍尔主教学得了永生难忘的一课：要让自己沉浸在讲演中。因此，他开始让自己对题材热心起来。

在我的训练班上，如果有学员称自己做什么都没劲、生活简单乏味，训练班的教师便会问他，在业余时间都有什么爱好，有人说打保龄球，有人则说看电影，也有人说种玫瑰。

有一位学员的爱好有些特别——收集火柴盒，当老师问起他这个特别的爱好时，他逐渐有了说话的兴趣，并且，他还手舞足蹈描述起自己收集火柴盒的小房间。他说，几乎全世界的火柴盒他都有收藏，等他的话匣子被打开后，老师反过来问他："既然如此，为什么不跟大家聊聊这个话题呢？我觉得很有趣。"他惊讶极了，表示怎么会有人对这个话题感兴趣！原来，这位学员耗费了半生的心血、孜孜以求的嗜好，甚至几乎达到了狂热的地步，他自身却否定了它的价值，认为别人不一定喜欢这一话题。那天晚上，他俨然一副收藏家的样子去谈论火柴盒。再后来，他还去参加了各种俱乐部，演讲有关收集火柴盒的话题，因此被很多地方人士推崇。

总的来说，对于那些希望快速学会演说的人来说，上面几个案例都验证了这一准则——谈自己感兴趣的话题。

引发听众的共鸣

任何一场演讲都有三个构成因素：演讲者、演讲内容和听众，缺一不可。演讲者只有把自己的演讲与听众联系起来以后，一场演讲才算是真的完成了。

我们都知道，我们要做一场成功的演讲，就要在演讲前做足准备工作，并且演讲者要热爱自己的题目，要有真诚的态度，但要想演讲成功，还要把听众的因素考虑进去，就是要让听众觉得你所说的很重要，光我们自己有热情还不够，一定要让听众感受到我们的热情，并且也变得有热情。

历史上，那些著名的雄辩家都有这样的本事，他们总是能做到让听众与自己产生共鸣，他们希望听众能感觉到他已经感觉的，也总是能让听众同意自己的观点，去做自己想让听众做的事，去分担他的快乐和忧愁。他们如此成功最为重要的原因是，他们从不以自我为中心，而是以听众为中心，因为他们明白自己的演讲是否成功，不是自己决定的，而是由听众来决定的。

在推行节俭运动期间，我到美国银行学会纽约分会训练了一批人，其中有一个学员，他告诉我他在与听众沟通方面存在严重的问题，他希望我能给他一些建议。我认为，要做到与听众有效沟通，首先要做的就是让他对自己的题目产生热情，所以，我刚开始并没有给他什么特别的建议，只是让他在一边把题目再想几遍，直到他能让自己对题目产生极大的热忱。

我告诉他一点：纽约“遗嘱公证法庭记录”显示，85%的人去世时，都未能给自己的亲人留下一分钱，在去世的人中间，只有3.3%的人留下了一万美元或者更多的遗产。我说这一点，是为了让他明白，他现在所做的演讲，不是在强迫别人做无法负担的事，也不是求别人对自己施舍，而是在替别人着想，这样，他们在老了以后就可以衣食无忧、安然自在，并且能给自己的妻儿留下一份保障。我让他这样鼓励自己，最后，我还让他相信，这是一项了不起的社会服务。

在我讲完这些事实之后，他开始认真思考，过了一段时间，他终于热血沸腾起来，兴趣和热情都被激发了，他突然觉得自己应该是一名战士，他认为自己身担重任。

后来，他演讲时，用满腔的热血和信念感染听众，他从听众的角度说话，让大家知道节俭的好处，那时，他不再是一名演讲者，更像一名传教士，他在努力使人们产生节俭的观念。

在我一生的教学生涯中，曾有一段时间是很依赖教科书中的信条的。那时的教师只是照搬老教授们传授的一些坏习惯，实际上，他们并没有从一些浮夸的演说风格中跳出来。

我常提及自己上的第一堂演讲课。

教师让我将两臂轻垂于身体两侧，手指微曲，手掌朝后，大拇指轻轻靠着大腿。然后他又让我把手臂举起，再画出优美的弧线，好让手腕优雅地转动，接着再将食指张开，然后是中指、小指。当这整套合乎美学的、装饰性的动作完成之后，手臂得要回溯方才的弧线，再度放于双腿的两侧。

经过自己的摸索之后，我发现，这套动作只是表演性的而已，一点也没有意义，显得做作、毫无诚意。

我后来才明白，演讲要将自己的个性融合进去，要和平常与人谈话一样轻松、自然、生气勃勃。

生活中的人们，如果你也正致力于提高自己的演讲能力，那么，你就要和我一样剔除那些机械式的演讲训练方式。

第二篇

演讲三要素：演讲、演讲者和听众

第四章　演讲前的准备

很多年前，在我的纽约训练班中，有两个学员：一个是哲学博士，谈吐儒雅，是大学的教授；另外一个是街头的流动小贩，年轻时曾在英国海军服役过，性格粗犷、豪爽。让我和其他学员吃惊的是，在考察他们的学习情况后发现，后者比前者的演讲更吸引人，这是为什么呢？这位哲学教授发言的词汇漂亮、谈吐清楚、条理清晰、找不到漏洞，但是却缺少了演讲中最为重要的一点：具体化。他的谈话太空洞了，而那位流动摊贩的话则有活力多了，他一开口，就能找到问题的核心，内容明确，而且具体、实在，所以他的演讲十分吸引人。

之所以举这样一个例子，并不是说大学教授和流动摊贩是演讲能力训练中的典型。而是要告诉我们，演说中只有演讲主题明确、说话能抓住核心的人才有可能吸引听众。

要做到这一点，最重要的还是做足演说前的准备工作，这里介绍调动听众积极性的方法，如果你遵循这四个步骤准备你的演讲，你就能很好地调动听众的积极性。

主题明确，不能散漫

确定演讲目的不是难事，但提炼出一个吸引人的演讲主题却不易，主题能抓住听众的心，是一场演讲成功的开始。因为对于一场演讲来说，主题是其门面，听众在听你的演讲之前，是无法了解你演说的具体内容的，真正能吸引他们的，就是你的演讲主题。

所以，千万不要指望去讲好一个包罗万千的话题，那样只是徒劳。有一个年轻人，他想在两分钟之内讲一个题目——《公元前500年的雅典战争》，这简直不可能，当他才开始演说到雅典城的建造时，时间就到了。

不少人的演讲，都是因为主题和范围不确定，而导致了演说中有太多的论点，内容杂乱无章，听众根本无法集中注意力。为什么会这样呢？因为人的注意力不可能同时放到几件事上，如果你的演说只是流水账，那么，听众是不可能找到你要说的重点的，因为连你自己也不清楚重点是什么。

这个道理适用于任何范围的演说，因此，无论你讲的是销售术、烤蛋糕、减免税赋还是飞弹。在你开始演说之前，一定要加以限制和选择，把题目缩小至某一个范围内，以便适合自己讲演的时间。

所以，如果你的演讲时间只有5分钟左右，你就只能说清楚一两点，即便你有半个小时的时间，如果你要说清楚五个以上的概念，那你也是很难成功的。

预先做好准备

我们都知道，要做一次浮光掠影的演说并不难，但要发掘演说背后的含义就难得多，要知道，听众对于流于表面的演讲是很难留下深刻的印象的，甚至全无印象。在你将演说题目缩小范围之后，你就要自问一些问题，以加深自己对演说主题本身的了解，你也能准备得更充足，你要十分严肃地问自己：“如果我是听众，我什么要相信这些？在我们的现实生活中，我有没有看到过并证实我没有错？我到底想要表达和证明什么？它到底是怎样发生的？”

回答这样一系列的问题，能让你更有底气，能让你的论点更可靠。据说，植物界的怪杰路德·博潘克培养了100万种植物，只为寻找一两种最高级的品种。其实，想要修炼演说能力的我们何尝不该如此呢？你要做的或许是围绕主题汇集100种思想，然后舍弃其中的90种。

畅销书《内在》的作者约翰·肯特曾说：“我总是收集10倍于我所要使用的材料，有时甚至达到百倍。”他说的是准备写书或讲演的方法。他是这样说的，也是这样做的。

1956年，他着手写有关精神病院的文章。他与各地医院的院长、医生和护士谈话，从他们那里获得素材。我有一个朋友当时正好为他提供了一点小小的帮助，这位朋友后来告诉我，那段时间，他们一起从这栋建筑到另外一栋建筑，一会儿上楼，一会儿下楼，他们走了数不清的路，肯特先生记了许多笔记。在他的办公室里，堆满了政府与各州的报告、私立医院的报告、委员会成摞的统计资料。

最后，也许我们想不到，他竟然只写了4篇短文，十分简单而又有趣的短文，也是最好的演讲题材。那些写了短文的纸，叠加起来不过几十克，但那笔记本和其他记载材料，一定超过写9000克。

也许肯特先生知道自己挖掘的是价值连城的矿石，所以，他不能忽视任何一部分，他全身心投入这行，才能把金块筛出。

我们的演讲何尝不是如此呢？演讲总要细心准备，才能应付各种可能出现的情况，也包括那些困难。例如，一位听众突然提出你回答不上的问题。

所以，在开始演说前，你一定要尽早并且在最短时间内确定好自己演说的题材和主题，千万不要临时抱佛脚，你可以在下班等公交车的时间内思索一下题材；在上班无聊的时间搜索一下资料等，你很早就把题目确定好，便能在潜意识里将它千锤百炼。

杰出演说家诺曼·托马斯有一项神奇的能力：即使台下的听众是他的反对者，他也能顺利掌控他们的注意力，并最终将自己的观点植入他们的脑海中，让他们信服。

那么，他是怎么做到的呢？

我们的演说要与主题合二为一，要在自己的脑海中反复揣摩。令他吃惊的是，他发现，运用这一点，他无论是看书、读报还是闲逛，都能找到很多有价值的素材，有时候在台上演说，这些素材都能从自己的头脑中冒出来。某些演说之所以不出彩，很多时候，就是因为我们对主题的理解不深入、细致。

有时候，你会对演说某个题材十分感兴趣，但你千万别将自己想说的话都写下来，这样是行不通的，因为这样你会感到满足，就不会想着继续思考，还有一种可能就是你去背诵演讲稿。对此，马克·吐温曾给出评价：

写在纸上的文字毕竟是文学化的，并不适于口头表达，如果你的演说只是为了让听众满意而不是说教，那么，你必须要有自己的语言风格。另外，最好还是将之改成一般情形下可以脱口而出的文字，否则，整个演讲大厅内的人都会因为你无趣的演说而烦躁。

查尔斯吉得利是通用汽车公司的伟大功臣。他也是整个美国最杰出的演说家之一，关于是否该将演说的内容写下来，他的回答是：

我认为，演讲说的内容绝对不必要写下来，如果非要写的话，我们最好将自己的所有经验写在听众的脑海里，刻在他们的情感里，否则，你辛苦写下来的演讲稿也只是废纸而已。

用故事和实例说明内容

《畅达的写作艺术》一书的作者鲁多夫·富利奇在这本书

某一章的开篇就写道："只有故事才能真正畅达可读。"接下来，他又用《时代》杂志与《读者文摘》来作为例子。他说，在这两份占据畅销排行榜前位的杂志里，你绝对找不到一篇文章不是纯粹的记叙，你也找不到一篇文章不是登载了趣闻逸事。

对于生活中的我们来说，当众演讲和编写杂志具有类似的地方，我们必须要承认的是，讲故事更能驾驭听众的注意力。

诺曼·文森·皮尔牧师就是通过电视机和收音机来讲道的，并且，他被无数的人接受了。他也说，他在演说中最爱举例，以实例来支持自己的论点。一次，在被《演讲季刊》采访时，他说："我知道的最好的方法之一就是讲那些真实的例子，这样能让你的观点鲜明而清晰，也更有说服力，一般来说，为了证明一个论点，我会同时使用好几个例证。"

生活中的人们，如果你也喜欢阅读我的书籍，你就会发现，我也很喜欢用有趣的故事来总结要点。在《友谊的秘密》一书中，我列举的法则只有一页半，剩下的200多页都是关于故事和例证的，这些内容旨在告诉人们怎么应用这些法则。

那么，在演讲中，该如何做才好呢？概括起来有五种方法：要有人情味、真实、具体化、戏剧化和视觉化。

建议一：选材要富有人情味

有一次，我让在法国巴黎的一些美国商人就成功的话题进行演说，然而，这些演讲者大部分都罗列那些抽象的大道理：勤奋工作、要有远大抱负并且持之以恒等。

在他们讲到一半的时候，我站出来阻止了他们："谁都不想听别人的说教，没有任何人会喜欢的，要记住，要想演讲成功，就要让你的演讲变得有趣，让大家感到愉快，至于你到底说什么，其实大家不会太在意的。另外也要记住一点，世界上最为有趣的事，通常都是那些精致的奇闻趣事，所以，我希望你能讲所认识的两个人的故事，讲述他们为什么一个会成功，而另外一个却失败了，我们不但乐意听这样的故事，并且能从中收获知识。"

在训练班上，有一位学员，他总为一件事感到苦恼，他认为要提高自己的兴趣和激发听众的兴趣都是很难的事。然而，有一天晚上，关于"人性故事"，他向其他学员讲述了他两个大学同窗的故事。

第一个人，他为人谨慎小心、锱铢必较，拿买衬衫这件小事来说，他一定要在当地不同的店里买衬衫，还会画张表格，看看到底哪一件更耐穿，更经得起洗熨，通过这样精打细算的方法，他能使自己的每一分钱都得到正确的利用。从工学院毕业以后，他自命清高，不愿意和其他同学一样从最简单的工作做起，他总认为会有更高端的工作在等着他。可是，在3年后的同学聚会上，他还在画他的衬衫熨洗表，还在等所谓的好工作降临，当然，3年了，他什么都没等到。最后，他开始工作，谋到了一个小的职位，一辈子满腹牢骚、没有进步。

第二个人，他是个平易近人的人，大家都很喜欢他，他有着很大的抱负，但是却脚踏实地地从绘图员开始做起，不过，他总是在等待机会。当时，纽约世界博览会正在计划阶段，他知道那里需要他这样的人才，所以便离开费城去了纽约。到了纽约之后，他与人合作，做起了工程承包的工作，接了很多电话公司的业务，后来，他终于被博览会高薪延聘，并实现了自己的梦想。

这里所提及的只是那位学员演讲的一个概述，其演讲的过程更有趣，也更有人情味，他的演讲可谓是妙趣横生。若是平时，让他演讲，他连3分钟都说不到，但这次，就连他自己也吃惊地发现，他竟然讲了足足10分钟，但听众还觉得意犹未尽，可见他的演讲多么的精彩。

生活中，每一个渴望提高自己演说能力的人都应该从这一事例中获得启示，本来很平淡的演讲，如果你能在其中加入一些有人情味的话，是能起到激发听众兴趣的作用的。这需要你在演说中只提重点，再用具体的故事和实例进行引证，这样的演讲才是更吸引人的。

当然，这种富有人情味的材料的最好来源，正是我们自己的生活。生活中的人们，在演讲时，不要总认为不该谈论自己，甚至怀疑自己到底要不要说，事实上，只有那些说话狂妄自大、以自我为中心的演说者才会让听众讨厌；相反，只要你诉说自己的亲身经历，是能引起听众的兴趣的，这也是抓住听众耳朵的最有效的方法，我们千万不要忽略这一点。

建议二：给出具体的名字，让演讲更真实

如果你要在演讲中讲故事，那么，最好说出具体的名字，即便是从隐私的角度考虑，你也要编造出一个名字。即便你使用一些不具个人特性的名字，诸如“史密斯先生”或“乔·勃朗”，也比用代词“这个人”或者“那个人”更能使故事生动，人名有认证和显现个体的功能，就像鲁多夫·弗烈区曾说的那样：“再也没有什么比名字更能增添故事的真实性了。想想，你讲了一个故事，居然连故事中主角的名字都没有，这会怎么样？”

所以，你只要在演讲的过程中使用了具体的人名，那么，你的话就更有趣了，更有人情味了，因为这已经是很可贵的要素了。

建议三：叙说细节，让演讲具体化

关于这一点，也许你会认同，但也有疑惑：我该如何知道我的演说里有没有足够的细节呢？我们可以将新闻记者撰写新闻故事时必备的五要素拿来作为测试方法——时间、地点、人物、事件和发生的原因。如果你也从这五方面来进行准备的话，你的举例便会详尽，自然能娓娓道来。接下来是刊登在《读者文摘》的一则关于我自己的故事：

在从大学离开后的两年里，我做了铁甲公司的销售人员，负责的区域是南达科他州，要靠搭载货车来完成工作。

有一天，我要去勒德菲尔，南行的货车要两小时以后才能来，所以我要在火车站等两个小时，此时，我是没办法在这里做推销的，因为那片区域不是我负责的。另外，还有不到一年的时间，我就要去纽约的美国戏剧艺术学院读书了。所以，我认为这两小时的空余时间可以拿来练习台词。

于是，我好像在舞台上一样走动着，开始演练莎士比亚《麦克白》里的一幕：我突然举起双臂，十分戏剧性地站起来高呼："我眼前看到的是壁厚吗？它的把手正朝向着我。来吧，让我握着你：我抓不着你，但我依然看见你！"

我完全沉浸在自己的表演训练中，没有注意到，几名警察朝我扑了过来。然后训斥我为什么要恐吓妇女，我不明就里，说这番台词有抢劫火车之嫌疑还差不多。警察告诉我，30米开外的地方，有一个30来岁的妇女，她从厨房窗帘后看到了我的行为，她害怕极了，所以打电话叫来了警察，当警察赶来的时候，刚好看到的是我拿着匕首在火车站鬼哭狼嚎的场景。

我赶紧告诉警察自己是在进行戏剧演练，但是警察根本不相信，我只好将自己铁甲公司的订货簿拿出来给他们看了，他们才肯把我放走。

这是一件让人啼笑皆非的事，但却很有趣，在这则故事中，我们提及的五要素都被运用到其中。

当然，我们说的要将演讲细节化，也要注意防止细节过多，细节过多会比没有细节更糟糕。可能不少听众都听过冗长而又肤浅的演讲，并对此感到不耐烦。

这里，我们要注意，我说的这则故事，虽然能找到每个要素，但也只是简单扼要地表述，如果在演讲中全部都是那些鸡毛蒜皮的小事，那么，听众的注意力一定无法集中，你的很多重要的言论也就无法被听众接收，这大概就是演讲过程中最糟糕的事了。

建议四：巧妙运用对话，让演讲更具戏剧化

如果你要举例说明你是怎样通过自己的努力成功地平息了一位客户的愤怒，你多半情况下会这样说：

“前几天，我正在办公室，一位顾客突然闯了进来，他满脸愤怒，因为上周我们的销售员送过去的洗衣机在操作上出了点问题，我告诉他，我们的售后人员会尽快帮助他解决问题，他慢慢平息了愤怒，开始平静下来，对于我处理此事的态度表示很满意。”

这样叙述一件事倒也没错，而且很详尽，但却少了姓名、此事的过程，最为重要的一点是，少了能让整个事件鲜活起来的对话。我们不妨对这件事的叙事方式修改一下：

就在上个星期二，我正在办公室，突然，我办公室的门被人推开了，我一抬起头，就看到怒气冲天的查尔斯·波利卡撒贝。他是我们公司的一位老客户了，我还没来得及跟他寒暄一番，他就劈头盖脸地说：“艾德，在我发火之前，你最好尽快派辆卡车去，把那台洗衣机给我从地下室运走。”

我想问问到底是怎么回事，他几乎不想回答，只是在那生气。然后他气呼呼地说：“那台破洗衣机根本不管用，丢进去的衣服全部纠缠在一起了，现在我的老婆快烦死它了。”

我告诉他先坐下，然后慢慢解释。

他的回答是：“我哪有时间坐，我上班就要迟到了，我想我以后大概再也不会在你这里买什么家电了。”他一边说，一边愤怒地敲打桌子。

“请听我说，查尔斯，你坐下来把事情慢慢告诉我，我保证，我会做你要求我做的任何事。”听到我这样说，他的情绪才算慢慢平静下来。”

当然，这并不是要求我们每次都在演讲中穿插对话，但就上例而言，我们能看出，如果演讲者运用对话的话，演讲将变得更有戏剧性。另外，如果他模仿一下，重现当时的语气，那么，对话就更见效果了。而且，对话是日常生活中的会话，会让讲演更为真实可信。它能让你看起来更像个真情实意的人，是在与听众谈话，而不是像一个学富五车的人在宣读论文，或者是朝着你的麦克风吼叫。

建议五：展示讲演的内容，使其视觉化

相信不少人都有这样的心理学知识：我们更易通过视觉来接受知识。心理学家给出的一个数值是，85%以上的知识都是我们的眼睛来获得的。很明显，我们从这一点知道了电视成为娱乐与广告的媒介并且效果很好的原因。

其实，我们当众讲话何尝不应该成为一种视觉艺术呢？

从细节处来展现演讲，最好的方法就是在其中加入视觉展示，也许你花了几个小时的时间告诉听众该怎样挥动高尔夫球杆，但这样只会让听众厌烦，此时，你还不如站起来表演该怎样打球，相信听众定会全神贯注地倾听。同样，假如你能以手臂和肩膀的动作来描绘收音机飘移不定的情形，或许听众还会更喜欢听你讲的鬼故事。

我们的培训练班中，有一个由工业界人士组成的班级，他们将视觉细节展现得惟妙惟肖。我听过他们的演讲，演讲者模仿视察员和效率专家是如何检查损坏的机器的，其手势和滑稽的动作让人觉得这一切比电视上看到的还要生动得多。这场视觉细节让我和其他学员都很难忘记，我在后来很多其他情况下都谈过它。

也许你又会产生疑问："我怎样才能把一些视觉细节融入我的讲话中？"接下来，你可以继续展示，这好比中国人所说的，百闻不如一见。

用细节打动人

对于任何演说者来说，他的第一目标就是要吸引听众的注意力，以此获得他们的好感。要做到这一点，我们要注意一项重要的技巧：让你的演讲语言形成鲜明的图画。不过，可惜的是，这一点一直被人们忽视，一般的演讲者也并未注意到这一点。只要你能为听众制造出鲜明的景象，你就能让听众感觉愉快。相反，如果你使用的是模糊不清的、烦琐的、毫无颜色的语言，你就只会让听众打瞌睡。

所以，我总是强调，一定要在听众的脑海中勾勒出画面！画面就好比你每天需要呼吸的空气，是无须付费的，如果你能把它点缀在你的演讲里，那么，既能欢愉别人，也能让你的演说更有趣味。

《风格的学问》这篇著名论文的作者阿尔伯特·斯宾塞曾说，优秀的文字能够唤起读者对鲜明图画的联想，他在书中这样写道：

我们不能只做一般性的思考，而要做特殊性的思考，所以，对于下面这样的句子，我们要尽量避免写出：一个国家的行为习惯、风俗及娱乐，假如是野蛮且残酷的，那么，它的刑罚必然也很严厉。

我们应该把它改写成下面这种样子：

一个国家的老百姓如果崇尚战争、斗牛以及欣赏格斗并以此取乐的话，那么，他们的刑罚必然有绞刑、烧烙及拷打。

我们在《圣经》和莎士比亚的著作中，同样能挖掘出很多呈现出图画样的字句。对于“某件事是多余的，这简直是改善已经很完美的事”这一平常作家陈述的事实，莎士比亚会怎么表达呢？他写出的就是如画般的字句：“替精炼过的黄金镀金，替百合画上油彩，把香水洒在紫罗兰上。”

不知细心的你是否注意到，那些被人广为传颂的民间谚语，其实也是能让人产生视觉图像的。例如“一鸟在手，胜过两鸟在林”“不雨则已，一雨倾盆”“你可以把马牵到水边，但却不能逼它喝水”等。

那些流传好几个世纪而且广被使用的比喻里，也不难发现同样的图画效果："如狐狸那般狡猾""僵死得像一枚门钉""像薄煎饼那般平板""硬得像石头"。

林肯在说话时，也喜欢使用那些具有视觉效果的字句。当秘书将大堆冗长的报告送到白宫时，他并没有直接表明自己的厌倦之情，而是会形象地说："当我派出去一个人，希望他能替我买匹马时，我并不想听到此人告诉我这匹马的尾巴上有多少根毛。我只希望知道它有什么样的特点。"他从不喜欢用那种平淡的语言来表达意思。

所以，在日常的生活中，我们要多留意那些形象鲜明而又独特的事物，以此来描述我们内心的景象，使其突出、明显。举个例子，当我们提到狗这一动物，可能会产生很多联想——也许这是一只短腿、长毛、耳朵下垂的小猎犬；也有可能是苏格兰犬，也有可能是圣伯纳犬，再或者是波密雷尼亚犬等，但是演讲者提到的是"牛犬"(注：一种短毛、方嘴、勇敢、顽强的狗)，你脑海里浮映出的形象肯定不少，如果说出的是"一只有斑纹的牛犬"是不是浮映出比刚才更鲜明的形象？同样，说"一匹黑色的雪特兰小马"是不是比说"一匹马"逼真了很多？"一只白色、断了条腿的矮种公鸡"，难道不比只用"鸡"一个字给人更具体的图像吗？

在《风格的要素》一书中，威廉·斯特伦克这样阐述："那些研究写作艺术的人，假如在他们的观点中，有相似或一致的地方，这个地方就是：他们认为如果说话能抓住读者的兴趣，那么，最为可靠的方法就是要具体、明确和详细。像荷马、但丁、莎士比亚等这样一些最伟大的作家，他们最为高明的地方，就是他们处理特殊情境的能力，他们能在叙述或者写作时唤起读者脑海的景象。”

写作如此，讲话亦是如此。曾经，我和我的培训班的学员们做了一个实验：讲事实。他们在实验中定了一个规则：在每句话中都必须要有一个事实、一个数字、一个专有名词，以及一个日期，当然，我们获得了革命性的成功。然后，学员们将它制成了一个游戏，大家在做游戏时，彼此指出概略化的毛病。没过多长时间，大家在说话时便不再夹杂那些抽象的、虚无缥缈的语言，而是大街上人人都说的、明确的、活泼可爱的语言。

法国哲学家艾兰说：“抽象的风格总是不好的，在你的句子里应该满是石头、金属、椅子、桌子、动物、男人和女人。”

无论是演讲还是日常的人与人之间的对话，都该如此，本章中说的一切有关当众说话时的技巧，同样适用于日常交谈。因为无论任何形式的谈话，使之更精彩的都是细节。生活中的任何人想要成为高超的沟通者，都要牢记这一点，相信你会从中拥有收获。

如果你是销售人员，你能发现它特有的魅力；如果你担任的是主管，你也能在下达指令或传播消息上，因为使用了细节化的语言而使得你说话的内容变得更清晰，演讲效果自然也会好很多。

第五章　演讲者要展现自己的热情与活力

第一次世界大战结束后，身处伦敦的我与罗威尔·托马斯共事。当时，罗威尔·托马斯正在为阿拉伯的阿伦比和劳伦斯发表精彩绝伦的演讲，每场演讲都能博得精彩掌声。

一个周末，闲来无事的我去了海德公园散步。在公园门口，我看到不同人种和宗教信仰的人在畅谈自己的想法，因为言论自由，大家可以不受拘束。

我注意到，有三个人在发表演讲，一位天主教徒解释教皇无谬论，一位社会主义者谈论卡尔·马克思的主义，第三个演讲者所要表达的观点是一个男人应该有三妻四妾！我不发表任何看法，只是静静地站在远处看他们演讲。

我发现，那个宣扬一夫多妻的男人的听众寥寥无几，这是为什么呢？我分析，绝对不是因为他的题目，问题出在演讲者自己身上。那个大谈应该一夫多妻的男人好像不太喜欢谈论这个话题，而另外两个演讲者，他们已经忘我地沉浸在演说中了，他们摆事实、摆论据，连对立的观点也能驳倒，好像是用生命在演讲，声音里充满了信念和热情。

那么，你可能会发出疑问：怎样才能做到让演讲富有生命力和活力呢？对此，下面给出三条建议。

建议一：选择适合你的演讲主题

你的主题是否讲得深刻，最为关键的因素之一是你对你的主题要有深刻的感受，这也是我总是强调的，你对自己都没有充足的信任，又怎么能让别人信任你呢？

如果你对你所讲的题目很熟悉，如你的某个爱好，你就会对它充满热诚；再如果是你十分关注的事，你也会满怀热情。新时代要求演讲语言简洁明了，但有一点不会改变——对演讲的热诚。

我在年轻的时候曾听过一场演讲，那场演讲让我心悦诚服，并且终生难忘，因为那就是一场真诚战胜常识的演讲。

在纽约一家很有名气的销售公司里，有一位销售员，他有一个奇怪的观点，他说只要自己有山胡桃木灰，就能让兰花在无种子、无草根的情况下生长。

情况是这样的，他将山胡桃木的灰撒在刚刚犁过的土地里，然后一眨眼间兰花便出现了！所以，他坚信让兰花生长的原因是山胡桃木灰。

在对他的观点进行评论时，我用温和的态度说，如果他的发现确实是有科学依据的，那么他一夜之间就会暴富，因为兰花的种子本来就贵，而且他也会成为来自民间的科学家，但事实上，到现在为止，未曾有人能从无机物里培育出生命，这个奇迹也不会发生。

多么明显的错误，我包括这个员工的一些同学都这么告诉他，但他却执拗地认为自己是对的，在我告诉他这一点之后，他马上站起来，说他没有错。在那一刻，我倒觉得他很热衷于自己的观点，他还大声地说他没有引用证据、只是陈述了经验，所以，为了表明自己的发现是正确的，他继续说了一些论述，并提出了更多的材料，他的声音里充满了真诚。

但我不得不残忍地告诉他，他不可能是正确的，他此时甚至站了起来，说要跟我打5块钱的赌，让美国的农业部来证实此事。

令人不可思议的事在此时发生了，一些学生竟然开始动摇了，对他的观点半信半疑，认为他也许是对的。我心想；如果真要在那样的情况下表决的话，我真的很有可能会输，那么，到底是什么使得这些人改变了自己最初的观点呢？对于我的问题，他们一致的回答是演说者的热情和对观点的确定。

事后，我确实给农业部写了信，我的初衷是希望农业部能更正大家的认识，让大家明白要使兰花从山胡桃木灰里长出来是不可能的。令我惊讶的是，那名演讲者居然也给农业部写了信。

我从此事中得到了一个重要的启发——如果演讲者对自己的题目十分肯定，并热情地谈论它，那么，即便不是正确的，也有可能影响到听众。

生活中，一些演说者一开始就不清楚自己选择的题目是否能引起听众的兴趣，其实，要想激发听众的兴趣，你首先要从自己身上找问题，你对题目有兴趣吗？如果你自己都没有热情，又怎么能带动听众呢？

我曾在巴尔的摩听过一场演讲，演说者是我训练班中的成员，他的观点是如果大家继续用正在使用的吉桑比克海湾捕石鱼的方法，石鱼将会绝迹，并且，根本要不了多少时间。他十分关注这件事，因为情况已经十分严重了，他表现得慷慨激昂。

在听演说之前，我和其他听众一样根本不知道吉桑比克海湾里有什么石鱼，也就没有什么兴趣。可是，在这个演讲者结束自己的演讲前，我和其他人一样甚至产生了和他一起去申请保护石鱼的冲动了。

有人问前美国驻意大利大使理查德·吉尔德：“你是怎样成为一个意趣无穷的作家的？成功的诀窍是什么？”他的回答是：“我非常热爱生命，所以我不能停下来不动，我想告诉人们的也正是这点。”如果你也是这样的演讲者，就一定能吸引听众。

一次，我和英国一位著名的小说家一起去听演讲。E.F.本森先生评论说，这场演讲的最后一部分要比第一部分更为他所欣赏。我不明就里，就问原因，他回答：“演讲者似乎对最后一部分的兴趣更大一些，而我一向更关注演讲者的热情和兴趣。”

在我的训练班中，有一位学员，我们姑且就将其称为约翰先生吧。在刚来培训班参加培训时，一次，他从一家报社发行的小册子里随意地收集了一些关于美国首都的资料，然后便向老师和其他学员演讲，虽然在华盛顿居住了很多年，但他却没有找到一个切身的例子来说明自己为何喜欢这个地方，整个演讲听起来十分生硬和枯燥，从头到尾都在陈述别人已经听过很多次的事实，大家听得痛苦，他讲得更痛苦。

这次演讲之后，发生了一件很出人意料的事，他的新车停放在街上，但却被撞了，约翰先生很气愤，自己怎么这么倒霉，后来向其他人提及这件事时，都怒火冲天。在两星期后的演说中，他讲得很真切、滔滔不绝，大家居然给他鼓起了热烈的掌声。

所以，如果你的题目选对了，就成功了一半。例如，如果你能谈自己的信仰，那是不会有错的。你知道自己的信仰，不必再寻找，虽然平时你不提及，但它一直停留在你的意识表层，只要你稍稍想一下，就能找到。

另外，对你的题目，你最好还要多了解一点，多收集一些资料，你对某件事了解得越多，便会表现得越真诚。

建议二：表达你对主题的感受

如果你想告诉听众一个警察因你开车超速而把你拦下来的故事，你可以以一个旁观者的态度来讲述。但是这事发生在你身上，你会有某种感受，这种感受会使你的讲述更明确，表达更有效果。第三人称的方式，是不能给听众留下什么印象的。你越是能清楚地描述当时的情景和自己的感受，越是能生动逼真地表达自己。

所以，在公众面前说话，不要压抑自己，展现你对问题的热诚，听众的注意力就会被你吸引。

建议三：展现你的热情

当你走上演讲台时，你表现出来的应该是对演讲的期望，而不是不快、痛苦等。用轻快的步伐上台，也许你需要装出来，但绝对可以为你创造奇迹。

上台后，讲话前先深深吸口气，不要把身体靠在讲桌上，抬起你的头和下巴，告诉你自己，马上你就要陈述一件十分有价值的事，这就好比宣布一个很好的消息，像威廉·詹姆斯所说的那样，就算是表现得好像是这样也可以。如果你的声音大到可以传到大厅的后方，那么，你会更有自信，在一开始就使用手势，也许更能让你振奋。

唐纳德和埃力诺·雷尔德把这些描述成“预热我们的反应”。在他们的《有效记忆的窍门》一书中，他们指出罗斯福总统就是一个愉快地过完一生的人，他总是那么有活力、雀跃着，做事总是激情四射、忘我。罗斯福真是威廉·詹姆斯哲学的阐释者：“表现热烈，这样对自己所做的一切便会自然热烈起来。”

总之，我们需要记住，当众说话，如果你表现得热烈，就会使你感到热烈。

第六章　将听众带入你的演讲中

生活中的人们，想必你听说过拉塞·康威尔著名的讲演《钻石就在你家后院》，这一演讲进行了6000多次，也许你会想，重复这么多次的讲演，恐怕无论是演说词还是说话时候的音调大概都在演说者的脑海中根深蒂固、再也不会变化了吧？但事实真不是如此，康威尔博士深知每次来听演讲的听众的背景和知识程度都不同，所以会根据听众的需求变化演说风格和演说语言，让他们感受到自己听到的总是与众不同的演说，是特地为自己定做的。那么，你知道他是怎么做到在一场接一场的演讲中与听众建立起轻松愉快的关系的吗？

康威尔博士写道："每当我来到一个新的城市或者小镇，我会在最快的时间内去拜访当地最贴近生活的人，如邮局局长、理发师、旅馆经理、牧师、学校校长等，去商店和店员们交谈，了解他们所在地方的历史、人文风情等。在了解这些以后，我才着手我的演讲，尽量去搜寻那些符合当地情况的题材。"

开设过千场演讲的康威尔博士当然明白一点，成功的演讲就是一场成功的沟通，而成功的沟通则必须将听众带入演讲之中。《钻石就在你家后院》已经成为最受欢迎的演讲之一，但却找不到两场稍有雷同的演讲，我们连一本真正有关于这一主题的演讲的副本都找不到。所以，生活中的你，应该有所领悟，当你准备讲演时，头脑里应该想着特定的听众。对此，我有以下一些简单的方法，能帮助你和听众之间建立和谐的互动关系。

投其所好，依听众的兴趣演讲

康威尔博士很擅长使用这一方法，每次他到某个地方，都会在演讲中加入一些当地人经常谈及的东西和他们都了解的事，这样，听众就会对他的话感兴趣，因为他的演说内容与他们自己有关，这样做的作用是能将听众的注意力牢牢抓住，从而保证沟通顺利进行。

埃里克·休斯顿是前美国商会会长，现为电影协会会长，他几乎在自己的每一场演说中都运用了这一技巧，接下来，我们看看他在俄克拉荷马州立大学的毕业典礼上是怎样机智地使用这个方法的。

各位在座的俄克拉何马人，我想对于各位来说，对于那些危言耸听的贩子来说，他们将俄克拉荷马列于书本之外这一情况绝不陌生，因为他们认为它永远是绝望的冒险。还在30年代的时候，不少“乌鸦”就对这一肥沃的地方望而却步，并且，他们还争相告诉其他的“乌鸦”，你最好别去俄克拉荷马，除非你自带干粮。

在他们看来，俄克拉荷马是新美洲沙漠永远不会改变的一个部分，他们曾说，“在这里，你永远看不到盛开的鲜花”。但是就在1940年的时候，俄克拉荷马却俨然成了一片绿意盎然的花园，百老汇的歌手们也都会兴致勃勃地唱起“当雨后风儿吹来，便有小麦波浪起伏、散放清香”。我敢说，再过10年，在这个总被干旱吞噬的地带，带给我们视觉的冲击是一眼望不到头的玉米秆。

这一切都是信仰给予我们的，也是敢于冒险的收获……

因此，我要说的是，我们在看待事物时，要往前看，看到更美好的远景，而不应该停留在昨天的背景中。当我准备访问这里的时候，我在档案里寻找《俄克拉荷马日报》时，我想看看50年前，也就是1901年的春天，这里的生活是怎样的，你们猜我发现了什么？噢，我发现它描述的全是俄克拉荷马的未来，他们把重心都放在明日的希望上啦。

你可能也发现，依据听众所关注的问题和兴趣来演说，是一个极好的方法。埃里克演讲中说的这些事例，其实是来自听众在后院的谈话，他这样说，会让听众感觉到他的演说并不是从文件中拷贝出来的，而是真心为他们特地准备的。只要你也能懂得从听众的兴趣来说，是能抓住听众的注意力的。

在演讲前，你可以先问问自己：你的演讲能够帮助听众解决什么样的问题，怎样达到他们的目标？然后开始讲给他们听，就会获得他们的全神贯注。如果你的职业是一名会计师，那么，开场时你就可以表明这一点：我现在就教大家如何立遗嘱，这样，定有一些观众对你的话题产生兴趣。其实，在每个人的知识积累中，总有某个方面能打动听众。

诺斯格里夫爵士是英国的报业大亨，他曾被问及如何激发听众的兴趣，他给了短短的四个字答案："听众自己"，实际上，正是因为抓住了这一核心问题，他才成为报业大亨。

那么，什么是兴趣呢？对此，《思想的来源》的作者詹姆士·哈维·罗宾逊在的他书中给予了解释："兴趣是一种来自自然且最被恩宠的思想。"他在书中还写道："兴趣让我们的意识自循其道，而且这个'道'完全由我们的恐惧和期望来决定，由我们的本能和欲望是否能实现来决定，更由我们的七情六欲来决定。"

的确，在我们生活的这个世界，还有什么比我们自身更能让我们产生兴趣呢？

有一次，我们在培训班的最后一课上举行宴会，一位学员在宴会上进行了演说，十分成功。

他谈及坐在他周围的那些同学，说他们当时进培训班时的情景，说他们是如何进步的，他带领大家回想着曾经在一起学习的场景，回忆他们做过的一场又一场的练习，并配合着幽默有趣的语言和夸张的肢体动作，让在场的很多学员都笑得乐不可支。

这样的演说怎么可能不成功呢？的确，这个世界上还有什么比听众自己更能吸引他们的兴趣呢？很明显，这位成功演说的学员就是抓住了这一要素。

很多年前，我应邀为《美国杂志》写一些文章，因此，我与约翰·希德达进行了一次面谈。当时他正负责这本杂志的"人物趣事"一栏，在谈话中，他谈到人性这个问题，他认为人性本恶，所以人们都喜欢将注意力放到自己的身上。

交谈中他说："他们追求的是自己的升官发财之道，追求的是如何让自己活得更长一点，而并不在乎我们的铁路是否能收归国有，如果我是这本杂志的总编，我就会教读者怎样求职、怎样提升技能、怎样在夏天降温、怎样保养我们的口腔、怎样购买房子、怎样提升记忆能力等。人们都热衷于听他人的故事，所以我会邀请一些商界巨头来参加我们的访谈，让他们说说自己是怎样利用投资地产事业而发财的；我还会请一些财经人士，让他们说说自己是怎样经过不懈努力获得现在的成功的。"

没过多久，我听说他真的当了这家杂志的总编，一开始，杂志发行量很小，也不能说杂志多么出色，但随后，他马上根据自己从前的设想进行改革，那么，这些改革在读者群体里有什么反应呢？这一点，从杂志发行量的一路飙升就知道了。为什么会有这样积极的效果呢？因为它改革后的内容刚好符合普通老百姓的阅读兴趣，最后，发行量从100万份蹿到了200万份，而且只增不减，这都是因为希德达这一新上任的总编把握了读者的阅读需要。

当你面对听众时，你可以假想一下，他们很希望听你的演讲——只要它能对他们有用。作为演说者，如果你只考虑自己内心的想法和思想倾向，那么，你的听众就会慢慢变得烦躁不安，表现得不耐烦、看手表，甚至会离开。

真诚地赞美你的听众

听众也是由单个的人组成的，所以也是有弱点的，人们都爱听赞美的话，谁也无法拒绝赞美，但前提必须是真诚的赞美。如果你毫无来由地对听众献殷勤、说一些肉麻的话，如“各位是我见过的最有智慧的听众”，也会被大多数的听众厌恶。

大演讲家金希·特布曾说过一句话：“演讲者要告诉听众一些他们没想到你也会知道的事。”

例如，如果有人打算在巴尔的摩的济沃尼俱乐部发表演说，但是无论他怎么搜罗都找不到关于这家俱乐部的资料，他只知道，如今的一名国际董事曾是这一俱乐部的成员，而这一点是每个俱乐部成员都知道的，那么，如何能将这一并不新鲜的素材以新鲜的方式呈现给听众呢?

他在演说开场时这么说：“在巴尔的摩的济沃尼俱乐部，活跃着10898个会员。”

大家都集中注意力听着，大气都不敢出，但听这一点时，听众都怀疑演说者是不是搞错了，因为这一俱乐部成员最多也只有2897个，怎么突然一下子有这么多人？

正当大家狐疑之际，他立即转变话锋，说："大家可能感到吃惊，但我说的这一数据并不是胡诌的，而是有依据的。据统计，济沃尼俱乐部成员的数量并不是我们以为的一万或者两万，而是10898。那么，我是怎么计算出来的呢？大家都知道，在全世界，本俱乐部的成员只有2897名，俱乐部曾出现过一个国际会长与一个国际董事，从统计学上来说，不管是哪个济沃尼俱乐部，如果要同时出现一个国际会长和一个国际董事，它的比率都是1:10898，而这一结果是约翰·霍普金斯大学的一名数学博士给出的，我想应该没有错。"

当然，在你向听众表达赞美的时候，一定是要100%发自内心的，如果你的赞赏是缺乏诚意的，也许你可以欺骗一个人或者几个人，但绝对欺骗不了所有的听众，别一味地说"我爱你们""你们是最智慧的听众""这是一场美女和侠士的特别盛宴"等，如果你说不出真诚的赞美的话，还是一点也别表示为好。

与听众融为一体

在演讲中，演讲者要尽量与听众融为一体。可以采用以下方法。

第一种方法，如果你和听众之间存在什么关系，一定要在演讲中尽快表达出来，如果你是受邀出席演讲，也说出来吧。在印第安纳州绿堡的德堡大学的毕业典礼上，豪洛特·麦克米勒说出的一番话就很值得你学习。

“我很感激各位邀请我，作为英国的首相，能来贵校，确实不易。不过我感觉，当前的政府职位，大概不是我被邀来贵校的主要原因，我的母亲是美国人，而我的父亲则是贵校的首届毕业生之一，所以，我要向各位保证的是，能和德堡大学有这样的联系，我感到无上的光荣，并以能重温老家的传统为傲。”

毋庸置疑，麦克米勒在这段话中提到了自己与这所学校的关系，是很容易为自己赢得好感和掌声的。

第二种方法，你可以在演说中提及某人的名字。

我曾参加一次演讲，那次我坐在主讲人的旁边。在开始演说前，我发现主讲人四处走动去打听那些陌生的人，我感到很奇怪。在后来的演说中，我才明白——主讲人是为了把刚才打听到的名字运用到演讲中，我有意注意了一下台下听众的表情，那些被提及名字的人脸上洋溢着幸福的笑容。可见，这个简单的技巧已经为他赢得了听众温暖的友情。

无独有偶，美国通用电力公司总裁小弗兰克·佩斯也曾在演讲中巧妙地提及了几个名字。在某年的“美国生活宗教协会”上，他进行了下面的演说：

在我看来，这是一次让人难忘的夜晚，首先，因为听众之中坐着我的教父罗博·埃博亚，我和我家人的一言一行，都受到他的教诲和匡正，也包括在座的很多人。其次，在场的路易·斯特劳斯和鲍勃·史蒂文森对于宗教的热情，已经发展到对整个公共事业的关心……总之，能与大家一起共赴晚宴，我感到无比荣幸……

不过，此处我需要提醒的是，如果你要提的是一个刚开始知道的且不熟悉的陌生人的名字，那么，为了避免不必要的误会，你最好谨慎使用。

第三种方法，让听众始终保持高度的注意力。

在演讲中，如果你能使用第二人称代词“你”，就不要使用第三人称“他，他们”。这能让你的听众产生一种参与到演讲中的感觉。你要想真正抓住听众的注意力，就不能忽视这一点。

为此，我摘录了一位学员题为《硫酸》的演讲中的数段。

硫酸与我们的生活紧密相关，假如不曾有硫酸这种物质，我们不可能发明汽车，那么，我们只能和古代人一样靠马车或者骑马来出行了，因为提炼汽车和汽油都要用到硫酸。另外，我们家里用的电灯，也要用到硫酸。

早上你起床后，第一件事大概就是打开水龙头洗澡，那镍质的水龙头，在生产制造的过程中，也是少不了硫酸的；看到你的搪瓷浴缸了吗？它的制造也需要硫酸；你沐浴使用的肥皂也可能是用油脂和硫酸制成的；与你沐浴相关的产品中，需要硫酸的地方太多了。

当你沐浴完以后，你大概需要下楼吃早餐，假如你的杯盘不是白色的，那更少不了硫酸了，只要你的汤匙、刀子、叉子是镀银的，就一定在硫酸中浸泡过。

就这样，在你一天的工作和生活中，你都未曾离开过它。

这位演讲者正是我在纽约培训班的一位学员，在这篇演说中，他多次使用“你”，让听众不自觉地感觉到自己被拉到演讲中来了，吸引了听众的注意力。

但有时候，也需要注意，使用“你”也是很危险的，也许它不但不能起到建立友谊的作用，还会造成关系分裂，因为你可能让对方产生一种你正在居高临下与之说话的感觉。这样的情况下，你应该使用拉近关系的“我们”，而不是“你”了。

鼓励听众参与到演讲中来

其实，只要使用小小的一点技巧，就能让听众“心随你动”，这种技巧就是演示法——挑选听众来帮助你演示，或者将你的观点戏剧化地展现出来。

这是因为，只要其中一个听众被带入演示中，其他的听众就会将注意力集中起来，看看究竟会发生什么事。

除了演示法，我还经常在演讲中对听众进行提问，邀请他们帮助解决问题，这样做，就等于把合伙人的权力送给了听众。

帕西·威特在《如何让演说和写作更为幽默》一书中，针对这一问题给出了一些有建设性的建议。他建议的是让听众举手回答问题或者让他们帮忙处理某件事。他说："你要明确的是，演说不同于背诵，我们演说的目的是让听众产生心理反应，让听众成为整个事件的参与者。"

放低姿态，保持低调

在演讲者和听众之间的关系中，真诚是不可或缺的基本要素。生活中的你，若不希望听众敌视你，就不要表现得高高在上。因为当你站在演讲台上，你的一切都会被听众看清楚，你若稍微有一点自夸，注定会被听众讨厌；如果你信心稍微有点不足，也会让事情变得很糟糕。所以，你应该表现出来的是谦虚谨慎但又不患得患失。

埃德蒙曾任缅因州的参议员，他曾经在波士顿的美国辩论协会上发表了演说，在这次演说中，他让听众领略到了什么叫真正的谦虚。

他说："今天早上，我踌躇不定，不知道自己该不该受邀参加这次演说，我的顾虑很多。第一，今天在座的各位都是业内精英，所以我担忧自己要班门弄斧，让各位见笑了；第二，现在是早上，大家的反应比中午和晚上灵敏，所以，如果我出了什么纰漏，这对于从政的我来说，可不是什么好现象；第三，今天我要说的主题是：‘人民公仆的影响力’。只要我还从政一天，我的选民对于这一问题的评价就千差万别，所以我感到忧虑，不知道现在如何说起……”

用这种谦逊的态度做演讲，埃德蒙在此次演说中获得了巨大的成功。

无独有偶，艾德莱·史蒂文森曾经参加密歇根州立大学毕业典礼并做了致辞演说，也是十分谦逊，我们来看看他的开场白：

面对如此盛大的毕业典礼，我感觉很荣幸，却又心有余而力不足，这让我想起了萨姆尔·巴特勒曾经被问及如何善待人生的问题，他的回答是：“接下来的15分钟我可都不知道怎么善待呢。”而我比他的情况更严重，接下来的20分钟，我也不知道怎么办呢。

对于任何一名听众来说，他们最为厌恶的就是站在高处的演说者，你站在高高的演讲台上，就好像被放在商店里的高档商品，你的任何一个细枝末节的动作都在听众的眼里展露无遗，所以，只要你稍微有点做得不到位的地方，就会让听众反感；相反，如果你能保持谦逊的态度，反而能获得更多听众的支持。

当然，你也不必畏首畏尾，只需要让听众认为你虽然“天资有限”但是会努力做好演说，他们不但不会真的认为你愚笨，反而会尊敬你，对你更友好。

美国的电视新闻行业竞争十分激烈，大家都希望能获得好的收视率，为此，大家都身心疲惫。然而，有一个人——埃德蒙·苏黎温却总是能稳居第一宝座，他不但是电视界的专家还是新闻界的记者，他之所以有如此优秀的成绩，就是因为他并不是将自己限制在优秀者行列，而是认为自己本就是业余的，正因为如此，他面对镜头才会显得十分自然，要是别人，可能决不允许留下任何一点瑕疵，越是这种高标准的要求，越是无法表现得自然。

他在主持节目的时候，喜欢做一些让自己身体舒服的动作，如用手托着下颌、耸肩、拉拉领带等，这些看起来很自然，尽管也有人因此批评他，但是他不以为然。几乎每3个月，他都要主持一次超级模仿秀，那些顶尖的高手会把他当成模仿的对象，他还乐于接受批评，这一点正是观众喜欢他的原因。要知道，谁都喜欢谦逊低调的人，而讨厌那些自大狂。

在亨利和丹那·托马斯合作撰写的《现代宗教领袖传》中，他们这样评论中国的孔子："他从不会用别人无法触及的知识在别人面前炫耀，而只是凭借他的宽厚之一，去启迪大众的智慧。"同样，在公共演说中，如果我们也能有这样包容的胸怀，那么，也能开启听众的心灵之门。

第三篇

如何成功发表即席演说

第七章　鼓舞听众的演讲

第一次世界大战期间，为了鼓舞士兵，额普顿营的战士们出发之前，英国一位著名的主教在对这些士兵讲话，其中一些士兵确实能听出主教说的努力作战的意义，但多数人却是云里雾里的。这位主教大人对这些士兵一味地灌输所谓的“国际亲善”以及“塞尔维亚在太阳底下也该占有一席之地”等言论，但他忽略的是，这些士兵连塞尔维亚是地名还是某种疾病的名称都分不清楚，其实这位主教大人还不如对这谁也不懂的学说发表一篇响亮的颂词，反正结果都差不多。不过，我们也能料到的是，即便半句话也听不懂，这些士兵也是不会离开的，因为军营的每个出口都有宪兵把守，谁也不能离开。

我们并不是要取笑这位主教，他确实是一位学者，在宗教人士面前，这样的演讲可能是出色的，但他此次面对的军人，他的演讲是“全军覆没”的，因为他根本不了解他的听众，也不知道自己演讲的根本目的是什么，当然不知道到底该怎么做了。

那么，何谓演讲的目的呢？一般来说，任何演讲，无论演讲者是不是了解，演讲的目的都可以划分为四类。

（1）说服听众，获得响应。

（2）说明情况。

（3）增强印象，使人信服。

（4）给人们带来欢乐。

接下来，我们找出林肯总统曾做过的一系列演讲实例来做说明。

林肯总统曾经发明过一种装置并获得了专利，这是一种可以将搁浅在沙滩或者其他阻碍物中的船只吊起来的装置。但似乎很少有人知道这一点，所以，他将这一装置的模型放到了自己律师事务所的办公室里，每次，他的朋友来找他的时候，他就不厌其烦地向对方讲解他的发明，包括它的功用、制造过程等。这里，林肯讲解的目的就是说明情况。

林肯曾在盖茨堡发表不朽的演讲，他在第一次和第二次就职时也做过演说，以及在亨利·柯雷过世时也有致辞演讲等。在这些场合里，林肯演说的目的就是增强听众的印象，使他们信服。

林肯进行政治演讲以拉票、与陪审团讲话等这些演讲的目的都是说服听众，以此获得响应。

在林肯当选总统的前两年，他曾经准备过有关一个发明的演讲，他的目的是给人们带来欢乐，可惜他并没有成功。他原本只是想做一个较为普通的演讲，可惜的是没有人欣赏，还有一次在全镇演讲，居然没有一个人来捧场。

我们要承认的是，林肯在许多演讲中确实取得了很大的成功，还有一些被我们奉为人类语言中的经典。这是为什么呢？

因为对于这些演讲，林肯都知道自己的目的，并且，他想方设法去达到自己的目的。

对于某些演讲者来说，他们不能把自己的目标与演讲目的结合起来，所以，在演讲前和演讲时，他们通常手忙脚乱，最后演讲也就失败了。

举个例子，曾经有一位美国议员在纽约的旧马戏团做演讲，目的是说明当时的美国该如何备战。刚开始的10分钟，听众还静静地、礼貌地坐在自己的座位上，接下来的15分钟，大家却希望他赶紧结束这无聊的演讲，但是他似乎完全没有看到一样，还是继续喋喋不休地演讲。听众想要听的是些娱乐的东西，而不是在这里挨训，所以大家开始没耐心了，一些人开始嘲讽地喝倒彩，一些人开始站起来吹口哨，这位议员实在有点不聪明，在这样的情况下还是没改变演讲内容，仍然闷着头继续讲。最终，听众们被激怒了，一些人甚至站起来让议员下台，议员不得不在听众的吼叫和唏嘘声下了台，他羞愧难当。

我们都要以这位议员的经历为教训，要事先看看自己的演讲目的是否适用于当时的场合和听众。试想一下，这位议员如果在演讲之前斟酌一下自己的目标是否适合听众想获得的目标，他就不会如此惨败了。所以，我们一定要事先分析清楚，看看以上四种目的那种更适合你。

对于每个不同的目标，都需要我们做不同的处理，因为它们都有着不同的组织形态，也会出现容易犯的错误和阻碍。为了能将演讲中的重要部分解说清楚，接下来，我们将分四个章节来进行讨论。这一章，我们要讨论的是“简短讲演以获得行动响应”这个话题。其余三章，则讨论另外三个话题：说明情况，增强印象使人信服以及带给听众欢乐。

所以，我们首先来谈谈如何组织演讲，以此来让听众更愿意采取行动。

我们一直在思考的是，能不能找到一种方法或者一种简单的策略，把我们要演讲的材料进行安排，然后让人们轻轻松松地就按照我们的指引去做事呢?

在1930年的时候，我和我的同事曾就这一问题进行过探讨。那个时候，我的课程才刚刚开始在全国受欢迎。培训班的人数开始多起来，为此，我对学员的演讲时间进行了限制——两分钟。如果演讲者的目的是娱乐性的或者是说明，那么，时间倒是足够。如果演讲者的目的是鼓动听众去采取措施，那么，情况就不同了。如果我们还是采用守旧的亚里士多德以来的被演讲家们公认的演讲模式——绪论、本论和结论结构，那么，就会让这一目的的演讲无法开展，所以，我们需要一些新的、稳妥的方法，能让演说者在两分钟之内就获得听众的回应。

为了找到答案，我和培训班的成员分别在芝加哥、洛杉矶和纽约举行会议，并且邀请来了许多老师。这些老师有来自名牌大学的，有来自事业单位的重要岗位的，有来自正在逐渐占领市场的广告界的。当时我希望能借助这些行业精英的智慧，来寻找出一种合理的、能反映出这一时代所需要的、合乎人们的心理学和管理学的方法，以影响听众，让听众愿意采取出行动。

功夫不负有心人，我和我的团队终于找到了这一“魔法公式”，这一公式在培训班使用至今。那么，这一“魔法公式”到底是怎样的呢？

具体来说是这样的：

第一，开始演讲，多描述实例和细节，以此生动地说明你希望传达给听众的想法和理念。

第二，详细清晰地说出你的论点。

第三，陈述缘由，强调假如听众能采纳你的建议，会获得什么好处。

对于现代生活于快节奏中的人们来说，这一“魔法公式”很合适，因为演讲者就不需要准备那些冗长和复杂的绪论部分了。人们的工作太忙，希望演讲者能以简洁的言语直击要害地说话。人们已经习惯了每天在报纸上看精简的新闻和信息，人们都希望直接获得事实，因为每天冲入视野的广告词、电视、杂事等太多了。我们需要对信息进行简化，我们拒绝任何一点的浪费，所以利用这一“魔法公式”，可以确定能获得听众的注意力，并且能避免那些冗长、无趣的开场白，所以，能直接满足演讲者和听众在精简信息上的要求。例如，一些演讲者会说：“我太忙了，以至于我没有时间去准备。”或者会说：

“你们的主席请我谈论这个题目，我思考的是，为什么他挑选的人是我。”听众对演说者的道歉或者辩解都不感兴趣，他们在意的是行动，在“魔法公式”里，你一开始就能让他们感兴趣，所以愿意听下去。

另外，这一公式是非常理想的做简短谈话的方式，因为我们能看到其在某种程度上的悬念，如果你是演讲者，那么，在你开始讲话后，听众会被你的故事吸引，但必须还要等两三分钟的时间，听众才能在故事接近尾声时了解你要表达的重点，如果希望听众按照你的意见去行动，那么，这一方法很有必要。

例如，如果你想让台下的听众慷慨解囊，但是你这样开口：“尊敬的先生们和女士们，现在我要向在座的各位收取5美元。”那么，不管你的演说多么有意义，他们多么应该去掏这钱，在听了你的“号召”之后，估计也会立即离开。但如果你改变策略，先描述你去儿童医院探访的时候，看到了一个可怜的小孩，他在偏远的儿童医院，因为缺乏金钱无法动手术只能等待死亡，那么，此时，你获得听众支持的机会就会增加不少。

从这里，我们能看到，在演讲中，巧用故事和实例，能为我们预想的行动铺路。

接下来，我们再看看尼兰·斯通是怎样打动听众、支持联合国儿童救援行动的：

但愿我的祈祷能起到作用，希望再也不要有这样恶劣的情况。不知道你是否看到过，一个孩子和死亡之间就差一个花生，我真的不想再看到了，我不希望自己活在这样悲惨的记忆里。在已经被炸弹摧毁的雅典的工人区里，我听过他们的声音，看过他们的眼睛……可是，我只是拿了一罐花生而已，只有半磅，当我吃力地打开这罐花生时，一群穿着破烂的孩子立即围了上来，他们把灰扑扑的小手伸向我；还有更多的母亲，她们怀抱着婴儿……她们托起婴儿朝我举起来，我看到了那一双双只剩下骨头的小手抽搐着。我多想自己有更多的花生，那一刻，我希望所有的花生都能起到作用。

他们你推我赶的，我差点被撞倒，我看见举起来的一双双手，那是乞求的手、绝望的手，也是瘦小的可怜的手。我看到，这里分一颗花生，那里分一颗花生。数百来只手就那样伸着、向我乞求着，他们的眼睛里闪烁着的是希望的光芒，但此刻的我太无助了，我拿着那只空罐子……啊，我希望这种情形永远不会发生在你身上。

这一“魔法公式”不仅可以用于演讲中，还适用于书信和对员工做指示。作为父母，我们能用它来激发孩子，而孩子在向父母提出要求时，运用它也会变得很容易。所以，这一“魔法公式”就像一把能打开听众心门的钥匙，它总能帮助你把心中所想传达给别人。

即便是在广告里，“魔法公式”也常常被拿来使用。例如，E电池公司曾经在电视上做了一系列的广告，就是根据这一公式来做设计的。

刚开始的时候，主持人讲了一个故事——深夜时候，有个人被困在了一辆翻倒的汽车里。在他描述完这一意外之后，他又请出受害者，让其将这个故事讲完，重点是要把在这种危急情况下使用E电池的手电筒发出的亮光所带来的好处叙述清楚——这让他获得了援助。然后，主持人再道明自己的目的，点出"重点和缘由"："购买E电池，你便可在类似的紧急事故中活命。"这是来自E电池公司的真人真事，在讲述这一故事的时候，我并不知道这一系列广告帮助这家公司卖掉了多少电池，但我们可以确信的是，"魔法公式"真的很有效，它能有效地帮助听众理解你希望他们去做或者不做的事情。对此，下面我们将进行详细的讨论。

以自己生活中的事例来说明

在演讲中，我们应该花大部分的时间来描述那些对你产生启示的经验。心理学家表示，我们每个人学习的方式有两种：一是练习法则，让一连串的类似事件导致行为模式发生改变；二是效应法则，也就是说，让单一的事件产生强烈的震撼力，并改变我们的行为。我们生活中的每个人都有一些不平凡的经验，这是不需要我们煞费苦心地搜寻的，而我们自身的行为也要受到这些经验的引导，将这些事件重新串联和组织起来，我们就能以此来影响别人，对于我们任何人来说，这一点都不难做到。

一般情况下，人们对字句的反应和对真实事件的反应是不会存在太大差异的，为此，我们在讲述具体事实的时候，一定要把其中自己感受最深的部分进行再造，巧妙引导听众产生与自己原先相同或者相近的反应或者感受，让你的经验变得更戏剧化，就能让它听起来更有意思，也会更有力量。接下来，我们给出几点建议，它们会让你举例的步骤变得清晰、有力度和有意义。

建议一：以亲身经验为例

这样的个人经验，最好是已经对你的生活起到了强烈的惊醒作用的或者是影响巨大的，这才是最有效的。也许整件事的发生只有几秒，但就是那短短的几秒，让我们学到了终生难忘的一课。假如有人讲述了他从翻掉的船边游上岸的冒险历程，想必在座的听众听后都会在内心告诉自己，如果遇到了这样的情况，一定要听从他的劝告等待救援人员的到来。

另外一个故事是一个孩子和翻掉的电动剪草机的惨痛事件，听众听完之后，想必也会在心中留下鲜明的印象，只要孩子在电动剪草机附近，你就会提高注意力。为了防止这样的意外，相信不少人在听过一些不幸之事后，都会采取防护措施。例如，某个人听说一场烹饪意外引起了火灾，自此之后，他会在厨房放一个灭火器。还有个人，发现了自己的孩子晕倒在浴室，手上还拿着有毒的瓶子，很多人知道后，都会把家里装有毒性气体的瓶子贴上标签，然后放到孩子拿不到的地方。

我们可以说，说服性演讲具备的一个无法代替的条件是，说一个让你永远都不能忘记的深刻的教训。那么，你就可以通过在听众心中产生惊醒作用来打动他们，并要求他们也采取行动，不听你的劝告，谁也不敢保证后果如何。

建议二：演讲一开始就详细叙述实例

这样做的好处是你一开始就能抓住听众的注意力，一些演讲者之所以不能一开口就引起听众的兴趣，很多时候都是因为他讲了一些老套的话，而听众对此并不感兴趣。现在，反过来，假如你是一名听众，如果站在台上的演讲者对你说："我就是不习惯当众演讲。"这话听起来是不是很让人生厌？再如，如果对方唠叨自己是如何选择演讲题目的或者总说自己没准备充分，或者总是像牧师宣布主题那样，是不是也很讨厌？所有这些都是演讲中应该避免的，因为演讲最为重要的就是时间的简短，不可啰唆。

任何一流报纸杂志的作者都会记住这样一句座右铭：你的故事一开始，便能立即抓住读者的注意力。

接下来是一些精彩的开场白，相信这些开场都有一种魔力，能在一开始就抓住你的眼球：

1942年时，我发现自己躺在医院的病床上。

去年7月，当我快速驾车驶下42号公路时……

昨天早饭时，我妻子正在倒咖啡……

那时，我正在湖中央钓鱼，我抬起头就看到一艘快艇正朝我快速开来。

我办公室的门突然打开了，我们的领班查理·范闯了进来。

在开场白中就说清楚时间、地点、事件和事情发生的原因，虽然是一种古老的方式，但却是吸引听众注意力的很好方式。对于孩子们来说，“从前”是一个“魔力词”，因为“从前”后面经常伴随的就是一个很有趣的故事，所以一听到这一词语，孩子们想象力的闸门就被打开了。采用相同的方式，你也能一开口就抓住听众的注意力。

建议三：详述例证

细节本身并不能让听众注意。很简单的道理，再好的家具、古董，闲散着放置都不会被注意，一幅图画只是不相关的事物，也不能霸占我们的演讲太久的时间。同样，在演说的过程中，如果你放置了太多与主题无关的细节，那么，演讲只会变成对听众耐力的一场考验。所以，你需要挑选那些与你的演讲重点和缘由有关的细节。如果想让听众记住你的忠告：在长途旅行前，应先对车辆的状况进行检查，那么，你最好讲述清楚之前因为没有做好安全检查工作而发生的悲剧；如果你讲述欣赏风景或者在抵达目的地之前确定在哪里过夜，那么，你就没抓住事实的重点，让听众的注意力分散了。

但是，假如你能围绕你想表达的重点，用一些细节来进行渲染的话，确实是最好的表达方法，它可以帮助你重现当时的状况，让听众随着你的叙述进入状态。如果你只说自己曾经因为疏忽而发生意外，并不能引起重视，让听众小心驾车，这样的方法很无趣。如果你能把你的经历转化为生动的语言，绘声绘色地传达自己的感受，那么，这件事就会深深烙在听众心里，进而记住你的忠告。

接下来我们来看一则案例，这是一名学员讲的在寒冷的冬天要小心驾驶的演讲。

1949年，就在圣诞节前一天的早上，我开着车行驶在印第安纳州41号公路上，我往北行驶，车里还坐着我的妻子和我的两个孩子。路面光滑如镜盘，我的福特车已经沿着这条路行驶了好几个小时，此时，只要我的方向盘稍微偏离一点，我们就会车毁人亡。时间就这样一小时一小时地过去了。

车开得太慢了。后来，我行驶到了一个开阔的地方，我想加速，以弥补刚才车速太慢的不足，可能其他的人也是这样的想法，大家似乎也都想早点到达芝加哥，我们都忘却了危险正在靠近，我的两个孩子当时还在后座上唱起了歌。

刚开始，汽车加速时走的是上坡路，所以还是比较顺利的，稍后进入一片森林地带。当汽车行驶到坡顶时，我突然看到北边的山坡因为没有阳光导致冰雪没有融化，我们的车便打滑冲了出去，车飞过了路沿，然后我就无法控制它了，幸好，车落到了雪堆里，只是撞碎了车玻璃，不然后果不堪设想。

演讲者叙述丰富的细节，很容易让听众如亲身经历这件事。其实，我们就是要做这一点：让听众听到你听到的，看到你看到的，感受你感受到的。达到这一效果的唯一方法就是使用丰富而具体的细节，就如前面我们提到的，讲清楚时间、地点、人物、事件和发生的原因这五个要素来刺激听众的视觉想象。

建议四：叙述时让经验重现

我们在演讲时，除了运用图画般的细节，重要的一点就是让当时的情景再现。我们可以将“表演”称为演讲的姐妹艺术，任何一位演讲高手身上其实都有表演家的天赋，这并不是那些善于雄辩的辩论家身上所特有的，我们周围很多人身上都有，他们在说话时面部表情很丰富，脸部和手部动作多种多样。我们生活中的大多数人都能学会这样的技巧，只要稍加练习即可。

在演讲中描述某个事件时，你的动作和情感越丰富，就越能让听众产生深刻的印象。如果你的故事不能用再造的热情来叙述，那么，即便你演讲得再细致，也是起不到任何作用的。

现在假设你是在描述一场火，那么，不妨把消防队与火焰搏斗时所感受的紧张、激烈和焦灼感表达出来并传递给听众。你想表现你和邻居发生过的一场争吵吗？将事件再现并戏剧化；再如，你想展示溺水时在水中挣扎的惊恐吗？那就让听众也感受到人在即将死亡时内心的恐惧和绝望吧！

我们举例的目的之一，就是要让听众对你的演讲牢牢记住，只有让听众记住你演讲中的事例，才能牢牢记住你的演讲，进而升华为你希望他们去做的事。

提到华盛顿，我们都能想到诚实，是因为韦姆的传记已经让樱桃树的事深深地刻在我们心里；圣经《新约》是嘉言懿行的丰富宝库，它就是凭借一些富有人情味的事例来传达和表现我们做人应该秉持的道德操守的，如《善良的撒马利亚人》的故事即是。这样的事例，除了让我们的演讲更容易被人记住，最重要的是使它变得有趣、更有说服力，也更易被听众记住和理解，你所感知到的生命的体验，也已经被传达给听众，潜意识里，他们已经决定按照你的建议去执行，这样，我们就找到进入“魔法公式”后的第二个步骤。

向听众提出你的请求

到现在为止，“获得行动响应的讲演”的列举事例的阶段，已经花费了你四分之三的时间，假如全部演讲的时间只有两分钟的话，那么，接下来，你只有20秒的时间来道出听众如果采纳你的建议去行动的好处。此时，再叙述细节已没有什么必要了，是时候一针见血地发表声明了。这一点，与报纸编辑的工作正好相反，你不是先把标题亮出来，而是先讲故事，然后再说出你的演讲目的或者要求听众所做的某种行动。关于这一点，你需要明确以下三个建议。

建议一：用简明扼要的语言陈述观点

人们都只会去做自己清楚的事，所以你要简明扼要地告诉听众，你希望他们去做什么。确定你演讲的重点，精简文字，就像发电报一样，绝不啰唆，还要清楚、明白。

不要说："请帮助我们孤儿院那些生病的儿童吧。"这样说太笼统了。应该这样说："今晚就签名，下周日集合，带领25名孤儿去野餐。"最重要的一点是，你的请求必须是让听众一听就能明白的实际行动，而不是猜来猜去的心理活动。举个例子："经常想想你的祖父母吧！"这样说太含糊了，也不知如何去行动，如果你这样说："本周末就去看望祖父母吧！"再如，与其说"要爱国"，还不如说"下星期二就请投下你神圣的一票"。

建议二：提出简单易行的可行性方案

无论你演讲的题目是什么，不管它是否还存在争议，作为演讲者，你都应该把自己的重点和行动的请求讲得让听众易于理解与接受。所以，最好的方法就是明确。例如，假如你希望听众增长记忆人名的能力，千万别说："从现在便开始增加你对人名的记忆次数。"这样说未免太笼统了，也让听众不明就里。为此，你还不如说："从遇到的下一个陌生人开始，在5分钟之内就重复他的姓名5次。"

相对于那些概略的言辞，我们说出明确的行动指示，更能引导听众做出行动。例如，如果你想听众去安慰一位生病住院的人士，与其发动大家去寄慰问卡，还不如说“在祝康复的卡片上签名”来得更直接。

你可能会问，到底是肯定的方式叙述好还是否定的方式好？这一点取决于听众的观点，二者之间并没有明确的好坏之分。例如，如果你坚信听众应该避免某东西，以否定的方式说明就比肯定陈述更有说服力。几年前，一句“不要做个摘灯泡的人”广告词就取得了很好的效果。

建议三：满怀信念地陈述重点

一场演讲的核心就是重点，因此我们应该十分有信心而且有力度地讲出来，就好像一篇文章的标题都会很突出一样。你对听众提出的行动请求应该直接强调出来，以让听众对你的请求产生难以忘记的印象，不要带着不确定或者无信心的态度来提出你的请求。游说的态度应持续到最后一个词，然后再进行“魔法公式”的第三步。

说出原因以及听众的利益所在

到现在已经是最后了，在没有多少时间的情况下，你需要简短地表达。此时，你要表明自己演讲的动机，或者明确地告诉听众，如果听众都按照你的建议去做的话，会得到什么好处。

建议一：说出与演说主题相符合的原因

之前我们已经陈述过了当众讲话的动机，这是个很大的题目，对于那些要劝服听众采取行动的演讲来说是很有用的。对于此类演讲，你要做的是在演讲处于高潮时用一两句话把这样行动的好处讲出来，不过，还有重要的一点是，你此处要强调的好处应该是你之前的事例中自然而然地引发的。假如你的目的是劝解听众购买二手车，如果你提到了购买二手车省钱的经验，那么，一定不能离题，要告诉听众某些二手车的样式比新车还好。

建议二：每次只强调一个观点

细心留意推销员的语言，你会发现，对于购买某种产品的理由，他们能提炼出很多，并且每一点都能支持他的论点。但在演讲中，你最好选择一个最突出的理由。你在演讲结束前的几句话内，还要将这一理由明确出来。

那些流行于全国的广告词，只要你仔细研究，就会发现这些广告词都是充满智慧的，对提炼演讲中的“重点和缘由”很有帮助。没有哪一个广告试图在一段广告词内推销两种或更多的产品，同样，也没有哪一个广告使用一个以上的理由来告诉你为什么要购买。同一家公司可能会更换做广告的方式，如可能从电视改成报纸，但是同一家公司不会在同一广告里提出不同的请求。

假如你能研究一下那些电视和报纸上的广告，并分析一下它的内容，你一定会吃惊地发现，在劝诱人们购买产品上，“魔法公式”真的是随处可见。从这里你就能发现，在广告中，唯一需要我们自始至终贯穿的就是切题。

这里，能被采用的其他事例还有很多，诸如陈列、展示、引述权威、比较和引用统计数字等。关于这些，我们在后面的章节中会细细解说，在本章，我们还是要讨论说服性演讲。值得注意的是，我们这里说的公式仅限于单个人的情况，因为在“获得听众行动的响应的简短演讲”中，到现在为止这是最为有趣、最具说服力的方法。

第八章　通告式演讲

一次，美国参议院调查员被人弄得坐立不安、尴尬无比。可能你在听他人演说时也遇到过这样的演说者，对方虽然是政府的高级官员，但却说话含糊不清，不停地说，毫无重点，在座的委员会的成员都没搞清楚他想说什么。最后，一位来自北卡罗来纳州的参议员萨默尔·艾文终于有了说话的机会，短短的几句话，就言简意赅地将观点表达清楚了。

萨默尔说，这位演说的官员令他想起了在他家乡的一个男人，这个男人告诉他的律师，他要和他的妻子离婚，不过他承认他的妻子很漂亮，也是个好厨子和模范母亲。接下来，是这个男人和律师的对话。

“那你为何还要离婚？”他的律师问。

“因为她一直在说，说个不停。”男人答。

“那她都说些什么呢？”律师问。

“问题就是在这里，她一直说，但从来没说清楚过。”男人说。

也有不少的演讲者在这方面让听众很讨厌，虽然他们一直不停地在表达观点，但就是说不清楚，从未将他想表达的意思表达清楚。

在上面一节，他们提到使用“魔法公式”可以在简短的演讲中让听众接受意见采取行动。这里，我们要谈及的是另外一些办法，以此来帮助你在公众面前将话说清楚。

除了在公众面前说话，实际上，我们每天都要做很多的通告式谈话。例如，提出说明或指示、做工作报告或者解释等。每个星期在各地开展的演讲中，通告式演说所占的比例也仅次于说服或者获得一致行动的演讲。相对于打动听众按照我们的劝告去行动的能力来说，清楚说话的能力应该是放在第一位的，这是成功演讲的前提。

美国工业巨子之一的欧文·杨也曾强调当今之世拥有清晰的表达能力的重要：

当一个人让更多的人了解到自己的能力时，他的用处也就逐渐展开了。当然，在我们生存的社会里，这应该是最简单的事情，人们更应该携手彼此合作，但前提是合作者之间应该进行互相了解，了解的主要媒介就是语言，为此，我们最先应该学会的是如何使用语言，重要的是，是精确的，而不是粗略地学习。

在本章，我们将提出一些建议，让你更清晰而精确地使用语言，让听众在毫不费力的情况下了解你想表达的观点。陆德威·魏根斯坦曾说：“任何我们能想到的事情，都是能清楚地思考的；同样，任何可以说出口的事情，也是能清楚地表达的。”

限制题材，限定演说时间

威廉·詹姆斯曾对我们培训班中的教师进行了一次演讲，在这次演讲中，他表示，一个人在一场演讲中只能针对一个要点进行说明。他这里所说的演讲是那种时间被限定在一个小时内的演讲。

我曾听过一场时间只有3分钟的演讲，而演讲者开始时就说自己要谈论的要点有11个，我粗略地估算一下，也就是每个要点只花费16秒半的时间，有这样“聪明”的人吗？居然会有如此荒谬的想法，太不可思议了吧。

当然，这个例子比较极端，但是那样的方法，即便程度不足，也足以妨碍任何一个新手。这就好比一个导游要在一天之内将巴黎的景点全部走一遍，这不是办不到，但这就好比你在半个小时之内参观完了美国国家历史博物馆一样，你根本不知道自己到底看到了什么，此时的你必须要像一只敏捷的山羊一样，要迅速地从这个点跳跃到那个点。

这里，我们以劳工联盟的演讲为例进行讨论，如果你想在3~6分钟之内将这一联盟成立的原因，它们采用的方法、建树、缺失以及怎样解决工业争端的都讲清楚，那么，你根本就是妄想，接下来大概就不是一次演讲了，而是一场混乱，没有人会对你所说的产生概念。

如果你能从中找到一个切入点，并且详细论述，就是更明智的做法，虽然你给听众留下的只是一个单一的印象，但更简单易懂，也易被人记住。

如果你要陈述的部分真的很多的话，那么，最好的办法是在演讲结束的时候再做一个简单的概括。

一天，我去拜访一家公司的总经理，但是当我到达那里的时候，发现办公室的门牌上写的是一个陌生的名字，我便询问这家公司的人事组长，刚好此人是他熟识的一个老朋友，人事组长说“他的名字坑了他”。

“他的名字？”我吃了一惊，不知道是什么意思，于是，继续问：“他不是掌管这家公司的董事之一吗？”

“我说的是他的绰号，你大概不知道他的绰号叫‘哪里’吧，在我们公司，大家叫他‘他现在在哪里·钟斯’。他担任总经理职务不久就被公司换掉了，因为他虽然是总经理，但却总不肯花心思去研究公司的业务和运转情况，他经常这里窜一下，那里窜一下，一天到晚跑来跑去。例如，在他看来，研究一场买卖远没有去速记员那里拿张纸重要，所以，他几乎很少在办公室，也就有了‘哪里’的绰号。”

“他现在在哪里·琼斯”这个人其实是与生活中的不少演讲者很相似，这些演讲者之所以不成功，就是因为他们和琼斯先生一样，总是想去包揽更多的事。假如你也听过他们的演讲，估计你也会听着听着就有“哪里”的想法。

我们要承认，一些有丰富演讲经历的人也会犯类似的错误，可能是他们有多方面的才华，以至于他们根本看不到精力分散的危险。我们不能像他们一样，而应该在演说的时候紧扣主题，如果你知道自己在表达什么，或许听众的反应也和你一样——“我懂他说的，我知道他现在在哪里！”

遵循时间、空间或者事物的逻辑顺序

大凡可以拿来演讲的题材，都是可以按照空间、时间或者事物的逻辑顺序来进行演讲的。

先说时间顺序，我们在演讲的时候，可以按照过去、现在和未来的安排来处理，也可以选择某一天先开始，然后进行倒叙。演讲的过程，都是从一些未曾处理过的原始材料开始，然后经过各种各样的制造阶段，再到最后的产品完成。其中需要多少细节进行填充，是要看具体有多少演说时间的。

再说空间顺序，可以先找一个立足点，然后以此为中心往外拓展；或者你可以按照方位来处理，如北方、南方、东方和西方。如果你是为听众描述华盛顿，那么，你可以带领听众从国会山的顶端开始，按照各个方位来叙述。如果你要描述的是一辆汽车，那么，你最好将其分解成各个部分再来谈论。

还有些题材自身就是带有一定的逻辑顺序的，以美国政府的结构来说，它有着自己最原始的组织形态，如果你能按照它的立法、行政、司法三部门来讨论，一定很清晰。

逐一罗列演说的要点

如果你想让你的演说留给听众思路清晰、条理分明的印象，那么你最好在演说的过程中逐步提醒你要说的重点。例如，你可以说，你有几个重点，现在讲的是哪一点，接下来又准备讲哪一点。

“我的第一点是……”你完全可以这样坦白地说，然后再说第二点，这样一步一步地说到结束。

拉尔夫·邦奇博士曾任联合国助理秘书长。任职的时候，他在纽约州罗契斯城市俱乐部主办的演讲会上发表过重要的演讲，从开始演说时，他就运用这一受人欢迎的坦率的讲话方式。

“今天晚上我要演说的题目是《人际关系的挑战》，是因为以下两个原因。”他接着说，“首先……其次……”从开口到演说结束，他都在努力地让听众听明白他说的每一个部分，然后逐步带领听众得出结论：“我们不能对人类向善的天性失去信心。”

经济学家保罗·H.道格拉斯也曾巧妙地将这一方法运用到商业会议中。要知道，这一商业会议曾一度停滞不前，会议上，他以委员税务专家和伊利诺伊州长参议员身份发表演说。

他这样开始：“我的主题是：最迅速、最有效的行动方式，对那些几乎会用掉全部收入的中、低收入民众减税。”

然后用这样的方式继续他的演讲：

具体说……

进一步说……

此外……

有三个主要的理由……第一……第二……第三……

总而言之，我们要做的，就是立即对那些中、低收入民众实行减税措施，以此来增加需求与购买力。

比较法让听众更易理解

不知道你在演说的过程中是否遭遇过这样的尴尬：你苦口婆心地说了半天，依然没有将自己想要表达的意思说清楚，其实你很清楚这件事，但就是不知道如何向听众说清楚，这需要你的深入解说，具体该怎么办呢？此刻，你不妨将此事与听众更熟悉、更通俗的事进行比较，那么，听众听起来就容易理解多了。

例如，你原本想讨论催化剂这一物质在工业中的贡献，你可以说它是一种能改变别人而不能改变自己的物质，但你还有更形象的说法：它就好比一个总是在学校里调皮的小男孩，它总是去欺负其他的孩子，但自己却从未受过伤，也没有被打过。这样说是不是更易理解呢？

另外一个很有趣的案例是：

一位传教士在非洲传教，他们遇到了非洲土著人民理解上的难题，如果传教士将《圣经》一字一句地翻译出来，那很明显是无意义的，因为他们根本就听不懂，但传教士可以将其翻译成非洲附近部落的土著语言，里面有一句话是“虽然你的罪恶一片鲜红，但它们终将白如白雪”。如果是在其他地方，这句话倒是很容易翻译，但是对于那些土著人民而言，他们从未见过2月清晨的白雪，对他们来说，雪和煤炭的区别都不知道，但他们却对椰子很熟悉，他们每个人都爬过椰子树，常随手拿椰子肉作为自己的午餐。因此，传教士就把白雪中的白和他们的椰子联系起来，将那句原文翻译成了“虽然你的罪恶一片鲜红，但它们终将和椰子肉一样洁白无瑕”。对于这种情况下的翻译，是不是再也找不到更贴切的了？下面的两点建议，也能让你的话更清楚易懂。

建议一：图片更清晰易懂

我们都知道，月亮、太阳、星星离我们的地球很远，但到底是多远呢？如果你懂得科普知识，也许能用数字来回答这些问题，但是科普作家知道，普通人并不明白这些问题，因此，在向他们叙述这些问题时，最好还是将数字转化成图片。

著名的科学家詹姆·琼斯爵士知道人们都想探测宇宙，对人们的这一渴望，他也十分感兴趣，他自然懂得那些高深的数学，但是他也知道在写作的过程中尽量少用数字才是最好的。

于是，爵士在他的《我们身边的宇宙》一书里这样说：“即使是最近的一颗星星也在250亿英里，那么这是一个多大的数字呢？”为了让数字更形象和鲜明，他说，假如一个人从地球出发，然后以光速——每秒18.6万英里飞行，他需要4年又3

个月才能到那里。

詹姆·琼斯爵士用这样形象的描述向我们展示了太空的浩瀚和广阔。我也曾听说过一个演说者，他试图用数字形容阿拉斯加的面积，他说，阿拉斯加的面积是59.080 4万平方千米，然后就留下一脸愕然的听众独自思考。

这么多平方千米是一个什么样的概念？普通的民众才不会花时间去思考什么平方公里的事，更无法在自己的脑海中建立起具体的形象，也无法将它与缅因州做比较。

但是，假如演说者能换一种表达方式：阿拉斯加及其所属岛屿的面积比佛蒙特、新罕布什尔、北卡罗来纳、南卡罗来纳、康涅狄格、特拉华、佛罗里达等18个州的面积加起来还要大。这样，大家不就能对阿拉斯加的面积有一个比较全面的概念了吗？

我们曾经有位学员，他用最形象生动的语言描述了在公路上发生车祸是多么的可怕："现在，你正开车横穿美国，你的起点是纽约，终点是洛杉矶。假如你现在在公路两旁看到的不是公路标志，而是棺木，每个棺木里都躺着去年车祸中的受害者，那么，当你快速飞驰时，每5秒钟你就能得到这样一个阴森恐怖的安全提示！"

听到他的这段演说，我再也不敢开车了，因为我的脑海中都是那样阴森恐怖的画面！

为什么会出现如此明显的演讲效果呢？人们的视觉印象远比听觉印象持续更长时间，如果我们说听觉印象像是霰弹打在榉树光滑的树皮上，随即滚落。那么，视觉印象就如拿破仑的炮兵部队在乌尔姆战役中所发射的炮弹一样，来势汹汹，能够凶狠地赶走奥地利人。

建议二：避免使用专业术语

如果你从事的是某种技术性的专业工作，如医生、工程师、律师，抑或是其他专业化的行业，那么，在向其行业以外的人聊到专业话题时，你必须要加倍小心，最好使用普通的词句来解释，同时加上必要的细节。

我曾听过几百场因为不小心自己的描述语言而失败的演讲案例。演讲者忽略的是，台下的听众都是普通人，对一些特殊行业未必有了解。所以，如果你不顾听众的感受而高谈阔论，总是用专业性字句来谈论的话，也许你正兴致勃勃，但在听众看来，你所说的这些不过是一些毫无意义、不知所云的废话。

那么，也许你会问，该如何避免这样的情况呢？

如果你听过印第安纳州前任参议员贝弗里奇的建议，大概就知道了。

最好的方法，就是从听众这一群体中挑出一个看起来学识不多的人，假设只有他是你的听众，怎样才能让他对你的演讲产生兴趣呢？你只能用最为浅显的语言来演讲了，只有这样，他才能听明白。还有一个更好的方法，就是把你的演讲对象放到孩子身上。

你可以在心里对自己说："我应该大声地讲给听众听，如果听众们喜欢我说的话，他们更愿意听。如果连小孩子都能听懂我的话，还能向其他人复述，那就再好不过了。”

我们有一位学员是一位医生，他在演讲时说：“用横膈膜呼吸，对肠子的蠕动有很明显的帮助作用，有利于身体健康。”对于他来说，这是再熟悉不过的医学常识，所以他打算将这句话草草提一下，然后去讲述其他的内容，但是没想到他的演讲被台下在座的培训班的指导老师打断了，老师让他讲清楚横膈膜式呼吸与其他呼吸到底有什么不同，它为什么对健康有重大的作用以及肠道蠕动又是什么。医生很吃惊，不得不重新对这个问题进行讲解：

横膈膜是一层薄薄的肌肉，它位于肺叶基部形成胸腔的底部和腹腔的顶部。就好像是胸腔的地板和腹腔的顶部一样，当胸腔呼吸时，它弓起来，像极了上下倒置的洗脸盆。

在做腹腔式的呼吸时，只要你进行一次呼吸，都会迫使肌肉弓状物往下推，使它几乎呈平坦状，此时人便会感觉到胃肠受到了腰带的压挤。横膈膜这种往下的压力会按摩并刺激腹腔的上部器官——胃、肝、胰、脾等。

当把气呼出时，胃和肠又往上挤迫着横膈膜，这又是一次按摩，这种按摩有助于人的身体排泄废气。

我必须要说，人身体上很多的不适都与肠胃有关，假如我们的肠胃因为深深的横膈膜式呼吸而产生了适当的运动，那么，常困扰我们的不消化、便秘以及体内中毒的现象就会消失。

可见，无论什么目的的演说，都是由简入繁最好。试想一下，假如你想对一些家庭主妇说明冰箱为什么必须要除霜，那么，下面的方法必定是错误的。

我们要先了解冷冻的原理，蒸发器从冰箱内部吸收热气散发到外面，一旦热被吸走，伴随的湿气就会附着在蒸发器上，逐渐累积至厚厚的一层。蒸发器就会造成绝热，此时要让冰箱继续制冷，你就要不断打开马达。”

如果你的对象是电器工作者，或者能听得懂，但是，对于家庭主妇而言，她们对这一长篇大论是不明就里的，如果你能从他们熟悉的事物开始，或许更容易将道理讲明白。

我想，在座的太太们一定知道将家里的肉放到冰箱的哪里，那么，也就知道冰箱的冷冻器是怎样结上厚厚的霜的。随着冰箱的使用，霜会越来越多，最后冷冻器自身也就需要除霜了。这些霜就像冬天盖在我们身上的被子，就像家里用来隔热的石棉，霜结得越厚，冷冻器就越难从冰箱里吸出热气保持冰箱的温度。于是，冰箱马达就要不断地开动，这样，才能保证冰箱里的温度，但是假如我们在冰箱里装个自动除霜器，霜便没有机会结厚，马达运转的次数和时间也能减少了。

亚里士多德就这一问题给出了一句忠言：“思维如智者，说话如常人。”假如你必须要在演讲中插入一些专业术语的话，最好在你已经解释清楚的情况下再说，这样就能让听众听懂你说的重点，假如你频繁使用关键词，更是需要这样。

一次，我去听一场股票经纪人对一群妇女做演讲，这些妇女想要了解的是有关银行与投资的原则。刚开始，这位股票经纪人采用了很轻松的谈话方式，让这些妇女对他的演讲产生了兴趣，事情已经说得差不多都清楚了，只是她们还对一些词汇感到陌生。例如他提到“特许权的买卖”“票据交换”以及“短期买卖和长期买卖”。这样，原本一场即将成功的演说就变成了妇女们都听不懂的迷雾，因为他忽略的是坐在他台下听演讲的是一群家庭妇女。最终，这场演讲逊色许多！

如果主讲人是你，当发现听众对某个关键词可能不清楚的时候，你必须要解释，而不能避开它，要尽快解释。

现在，你是否也有要说的话题呢？无论你想说的是国际大事还是生活琐事，或者关于艺术、文学等，一定要做到让你的听众对你演说的关键词，就如同他们对自己最熟悉的事物一样了解。

生动形象地为听众勾勒出具体图像

在中国，有这样一句谚语：“百闻不如一见。”这句话形象地说明视觉比听觉更重要。的确，生物学家也指出，在人的器官中，从眼睛通往脑部的神经，要比从耳朵通往脑部的神经多好几倍。科学实验发现，我们给予眼睛看到的暗示是给予耳朵听到的暗示的25倍。

因此，在演讲中，如果你想清楚地表达某件事或者某个观点，那么，你最好生动形象地为听众勾勒出具体图像，把思维具体化。

约翰·佩派特森是著名的美国资金注册公司的总裁，在为《系统》杂志写文章时候，简要地说明了他对于使用图片这一方法的理解。

我认为，一个人要想让别人了解并接受他的想法，仅仅借助语言是不够的，我们要做一些更为戏剧性的补充，最好的方法大概就是图片，以此来展示事物的对错两面，相对于文字来说，图片更有说服力。所以，最有表现力的方法就是对你的文字附图，文字与语言应该只是配合图片的手段而已。我很早就发现了这一点，一张图片比我说再多的话都有用。

尽管如此，并不是所有的演讲都适合用展示图片的方法来表现，但只要可以使用，我们就该使用。图片能引起人们的兴趣，能让我们的想法表达得更清楚。另外，用图片说话，图片也要足够大，让听众能够看得清楚。需要注意的是，别做过了头，图片太多也会让人感到无聊。如果你想在黑板上边说边画，那记住一定要注意速度，要知道，没有谁是来欣赏你的艺术作品的。使用缩略语，也要写得大一点而且容易辨认；在黑板上涂鸦的时候，也不要忘记继续讲话，要随时面对听众。

另外，在运用展示物表达观点时，要记住以下几点建议，保证随时能掌控听众的注意力。

别把展示物放到台面上，先藏起来，等到需要时再拿出来。

使用的展示物不能太小，要保证坐在最后一排的听众能看见。

讲话的时候，不要把展示物放到听众中间传阅，大家很有可能因此转移注意力而无法集中精力听你演说了。

展示东西时，把它举到全场听众都能看得见的地方。

一件展示物只要能打动人，就胜过世间其他无法打动人的东西，所以，可以的话，你应先示范一下。

展示时眼神不要总是盯着展示物，要知道，你的沟通对象是听众，而不是展示物。

在使用完展示物后，要立即收起，不要让听众的注意力被分散。

如果展示物非常适合做“神秘处理”，那么，先把它放到一张桌子上，演讲时将桌子放到身边，并将其盖好。

演讲时，你要多提及展示物，这能吊起听众的胃口，但是千万不能告诉听众它是什么，这样，听众在兴趣被激发之后一定想一睹为快。

可以说，用视觉材料来增强演讲的效果是最有用的，你最好做足准备，在听众面前一边说，一边展示，这样，就可以保证听众听得更明白了。

在美国历史上，有两位语言大师，他们同时指出，要想有清晰的表达能力，就必须不停地练习与遵循原则。

林肯说，在语言上，我们必须要热衷于追求简单、明晰。在与诺克斯维尔大学的校长格立佛博士谈话时，他提到了自己当年怎样培养自己对简单明了的语言的“狂热”：

我记得当时我还是个孩子，只要是遇到让我听不懂的语言，我就感到很生气，而且，在我的一生中，这是唯一一件让我感到生气的事，到现在都是这样，我总是莫名地因听不懂别人的说话发脾气。一次，我记得我听了我的父亲和邻居的谈话，然后我回到自己的小房间，整个晚上，我都在房间走来走去，因为我没听懂他们的谈话。我多希望自己能睡着，但就是睡不着，一直到我能用自己的更为浅显的语言把他们的谈话说出来。在我与别的男孩交谈的时候，我要让每个男孩都理解我说的话才肯罢休，这种狂热的情绪，这么多年一直跟着我。

另一位是杰出的总统伍德罗·威尔逊，他提出的一些忠告，正好能帮助你更好地理解本章：

我认为我的父亲是个头脑中满是智慧的人，我从他的身上受到了很好的影响，他最不喜欢的就是别人在表达上含糊不清，从我开始提笔写字到1903年他81岁高龄去世，在我身上，总是携带着他给我的所有东西。

他总是让我将想法写在纸上大声朗读出来，这太让我痛苦了，但是你可能想不到，不到一会儿，他又来打断我：“这句是什么意思？”我便告诉他。当然，我说的时候一定会比写在纸上的更简明扼要，然后他又喝斥我：“那怎么不这样说？”他会继续训下去，“在表达你的想法时一定要简明扼要，不要总是企图将所有的事物都用一个意思来概括，而要学会用明确的词语来说话。”

第九章　说服性演讲

一次，一个叫莫里斯·布莱特的人对着一群人演讲，对于这些人来说，莫里斯·布莱特的演讲就如一阵风暴一样来势汹汹。他们这样描述这次演讲：

这个人的名字我们早就听说过，我们得到的传言是他是个雷厉风行、说话很有力度的演说者，每当他开口时，人们都会不由自主地看着他。今天，我们围坐在一起，就是为了听他的演讲。

见到他的时候，我们发现，他是个文雅的中年人，看起来很整洁、绅士。他说他想和我们谈一件很严肃的事情，假如叨扰了我们，希望我们不要怪他。

接着，他果真像风暴一样朝我们席卷来，他说话时身子稍稍向前倾，双眼一直紧紧地盯着我们，他说话时还是一如既往的平和，但却讲出下面这番令人震惊的话：

“朝你四周看一看，你知道你的周围，在这个房间内有多少人是因为癌症死亡的吗？40岁以上的人4人中就有1个。4人中就有1个啊！”

在他的脸上，我们看到了光辉，他继续说：“这是非常严酷的事实，但事情并不会长久这样，我们可以不断努力去寻求方法，以此来治疗癌症，我们要找到它发生的原因。”

说这句话的时候，他表情很严肃，双眼盯着我们，眼光又绕着桌子逐一移动了下，转而问我们：“你们愿意一起做出行动吗？”

我想，那样的情况下，我们除了回答“愿意！”之外，还会有别的回答吗？“愿意！”我回答道。等回答完以后，我看了看周围的人，大家的回答跟我的一样。

在还不到一分钟的时间内，莫里斯·布莱特就赢得了我们的心。他已经顺利地把我们所有的人都拉到他的话题中，让我们心甘情愿地站在他那一边，进而投入为人类谋求幸福的运动中。

任何情况下，作为一名演说者，我们都希望获得赞同，这是我们演说的目标。莫里斯·布莱特先生在这一点上是成功的，他让他的听众们都有了这样的反应。年轻时，他和他的兄弟塞纳在一穷二白的情况下创下了连锁性的百货企业，年收入达到1亿美元。在经历了艰辛困苦之后，他们好不容易可以享受人生了，但悲哀的是，塞纳却在这个时候因癌症离开这个世界。这件事之后，莫里斯从布莱特基金会中拿出100万给芝加哥大学做对抗癌症的研究，并且，他还从企业中抽出身来，投身于医学领域。

“我们都了解这些事实，加上我们所看到的莫里斯·布莱特的个性，让我们甘愿被他感染和带动。我们也能感受到他长年累月为这一目标所做的努力，我们感受到了他的真诚、关切、热情。”

用真诚来赢得听众的信任

罗马雄辩家昆第廉曾称演讲家是“一个拥有特殊讲话艺术的人”。他还提到了在演讲中真诚的重要性。

此处，我们讨论的真诚，是没有别的东西可以取代的，这就如同皮尔·邦德·摩根说的“信心是获取信任的最好方法，同时也是获得听众信心的最好方法”。

亚历山大也曾说：“一个人说话时的那种真诚，会让他的声音散发出特别的光芒，这是那些虚伪的人无法假装出来的。”

如果我们演说的目的是说服别人，那么首先我们要说服自己，这就需要我们有发自内心的真诚和自信，只有这样，我们才有足够的底气来宣讲自己的理念。

获得听众的赞同

华德狄尔·泗是西北大学的前校长，他曾说过这样一句话：“任何一个新的理念、概论或者意见，一开始进入人的头脑，都会被人们认为是真实的、无须论证的，除非有与之背离的理念，那另当别论。”其实，这就是告诉我们演说者要坚持讲听众已经认同的思想。我的好友哈里·奥维屈教授在纽约社会研究新学院的讲演中，将这一概念的有效性阐述得十分清晰：

凡懂得演说艺术的人呢，都懂得在一开始就赢得听众的赞同和认可，只有一开始就把听众拉到自己的队伍中，才能借此为听众铺上路，让他们愿意跟着自己的指引往前走。这就好比我们平常玩的撞球游戏一样，把它往同一个方向推，是需要费些力气的，但如果把它往相反的方向推，则需要用更大的力量。

人的心理在这方面表现得尤为明显，当他的语言中发出了“不”这个单词后，他会做出一系列否定的动作。他整个的身体——腺体、神经、肌肉——就会一起把他包裹起来进入一种抵抗的状态中。通常来说，他在身体上会出现稍微的后退，或者准备后退，有些情况下可能还会表现得十分明显。也就是说，他的所有的神经包括肢体都会进入一种戒备状态。

反过来，当他说“是”的时候，是没有这种戒备状态的，他的整个身体是处于前进、开放、接纳、放松的状态的，所以，如果我们在演说一开始时就能获得更多的“是”，那么，我们被听众接纳的可能性就更大，也能为我们成功演讲铺路搭桥。

要获得“是”的赞同态度并不难，但更多时候却被人们忽视了。在不少人看来，如果一开始不表现出敌对的态度，就不能引起对方的重视。于是，对于那些激进和保守的人而言，开会还不到一刻钟，他们就已经火冒三丈了。可能连他们自己也不明白这样做到底能得到什么好处，如果你为了找点乐趣倒是情有可原，但是如果是为了真正让听众信服，这样的做法简直是太可笑了。

假如你在一开始就让你的学生、孩子、丈夫、顾客持反对意见，与你唱起了反调，后面你再想把这种负面影响扳正的话，估计不是那么容易了。

那么，到底怎样一开口就获得听众的认可呢？也许林肯能告诉你答案：“一开始就找一个大家都不会反对的意见进入。”在面对最激烈和最敏感的奴隶制问题的时候，林肯也是采用了这种先寻找共同的赞同点的方法。曾经有一份记录林肯谈话的资料，资料中有这样一段话：“在演讲开始前的半个小时，他会引领他的反对者们同意他说的每一个字，他正是通过这种方式，逐步带领他们继续走下去，一步步地，这些人就进入他的思维模式中。”

道理不是很简单吗？演讲者如果非要与听众争辩，无疑增加了演说成功的难度，你在后来几乎无法改变他们执拗的思想。你对他们说：“我就是要证明我是明智的。”他们也会与你唱反调："那咱们走着瞧！"

在一开始就强调你和听众都认可的事物，再找一个合适的问题，这样做是不是更有利于你的演讲呢？接下来，你再以解说员的身份与听众一起探寻答案。这期间，将你知晓的事实都摆在他们的面前，他们就会被你引领，最终接受你引导出来的结论。并且，他们会认为这是他们自己找到的答案，因此也会更值得信任。所以，这看似是"一场解说的议论，才是最好的议论"。

身为演讲者，难免与听众在某些问题上有争论、矛盾，但无论矛盾有多尖锐、分歧有多大，既然听众已经在台下听你的演讲，就证明有一些共同点可供我们来与大家产生心理共鸣的。

例如，1960年2月3日，英国首相哈洛·麦克米伦向南非联邦议会发表讲演。

当时，南非当局的政治态度是采取种族隔离政策，而他必须要将英国政府无种族歧视的观点传达给南非人民。那么，他有没有在一开始就表示反对这种政策呢？并没有！因为这样一开始就把矛盾和分歧摆在桌面上来讨论，很容易将双方放在了对立面。所以，他一开始时只是强调近年来南非在经济上取得的一系列了不起的成绩以及他们对世界的贡献，然后才巧妙地提出观点分歧的问题。即便是谈及这一敏感问题，他还是指出，他非常了解这些分歧来自各自真诚的信念。整场演说都很精彩，简直能与林肯曾经苏姆特堡前那些温和却坚定的言辞相比。

首相真诚地说："身为英国的一员，我们心怀真诚地希望我们能给南非各种支持和鼓励，不过希望在座的能原谅我的直言：在我们的领土上，我们也在努力给自由人政治前途，一直以来，我们都坚持这样的信念，所以即便我们无法支持和鼓励各位，我们也不会违反自己的信念。我认为，我们应该像朋友一样，无论谁是谁非，都不逃避一个现实：今天我们之间还存有分歧。"

对于这样的演讲，无论台下的听众多想站起来和演讲者进行对抗，也是无法开口的，因为听众相信这样的演讲者必定有颗公正坦诚的心。

假设麦克米伦首相在一开口的时候就摆出了双方在政策上的分歧，而不是提出赞同和认可的观点，那么会是怎样的演说结果呢？对此，詹姆士·哈威·罗宾逊教授在其启人深思的书《思想的起源》里，对这个问题进行了陈述：

细看起来，我们有时候要改变一下思维并不难，但前提是要在思绪平和、毫无抵抗的情况下，但是假如有人指出我们原来的想法错了，我们就会很讨厌他，反倒死活不愿意改变了。在我们信仰形成的过程中，我们也不会刻意在意，但是一旦有人表示出我们与不同道时，我们就会对自己原本也不肯定的信仰表现出偏执的狂热，因为我们所热爱的并不是理念本身，而是我们被人威胁的自尊……我们在意的大概就是身体里那个小小的“我的”了，这对于我们来说是最重要的一个词，真正的智慧是对任何事都进行适当的考虑，我们身边的任何人和事，我的狗、我的晚餐、我的信仰、我的国家、我信奉的神，都具有这样的力量，我们讨厌别人说我们的车破了、我们的表不准，讨厌别人让我们修正我们所认为的火星上的轨迹或某个词的发音，等等。我们喜欢继续喜欢我们曾经喜欢的事，继续相信我们曾经相信的事，如果有人质疑我们，不仅会让我们不愉快或者被激怒，我们会找出各种论据来支持我们的观点。

用你的热情感染听众

演讲者用饱含感情的语气来表述自己的理念时，如果听众的想法原本与演讲者不同，他也很有可能放弃自己的理念。这就是感情的力量，能改变一切相反的理念。

所以，如果你的目的是说服听众，那么，你需要记住，激发情绪要比引起他们的思考更好，因为情绪能带领人们行动，冷静的思维却未必能够。

你最终的目的是说服听众，所以，我们必须要记住晓之以理动之以情的成效。

我们要激发起听众的情感，首先要燃烧自己。如果一个演说者收集了最精妙的词句、有无懈可击的论据、声音和谐、手势到位，但是缺乏真诚，那么他做的所有努力都派不上用场。要让听众印象深刻，自己就应该先有深刻的印象。你的精神如何，从你的眼神中就能看出，如果从你的眼神中能迸发出激情、从你的声音里能感到力量，你便能与听众沟通了。

对于每场演说来说，特别是当我们即将要阐述演说的目的时，我们的态度也影响了听众的态度。你的态度冷淡，听众绝不会热情。

亨利·沃德·比切尔曾这样写道："如果教徒们在听布道时昏昏欲睡，我们要做的只有一件事，那就是给在场的工作人员一根棍子，让他戳一下布道者。"

一次，在哥伦比亚大学，我被学校临时请到讲台上去颁奖，在座的一共有3个裁判。当时，有6位毕业生要发表演说，我发现这些学生在这之前是被精心调教过的，他们都急于表现自己，他们费尽心思大概只为拿到奖章，他们好像根本没有说服听众的愿望。

唯一的例外是一位祖鲁的王子。他选的题目是《非洲对现代文明的贡献》。我注意到，他的每一句演讲词都饱含着强烈的情感，看得出他的演讲并不是为了展现自己的演说技能，而是出于内心强烈的信念，他将自己看作自己国家的代表、人们的代表，更是那片陆地的代表。他用真诚的语言和高尚的品格与信念向在座的所有听众展现出他和他的人民的希望，演讲最后，他也表达了自己的请求。他的演讲不是卖弄，而是出于信念和热情的宣言。

虽然他的演讲技巧不如其他的人娴熟，但我和其他评委还是把奖章颁给了他，因为这些评委看到的是他燃烧着的真诚之火，那是闪耀出来的真理的光芒，与他相比，其他演说者的演讲刹那间都成了一闪而过的火花。

这位王子从这次获奖经历中大概也学习到了重要的一课，那就是演说不能只凭讲道理、技巧来说服听众，而应该在演讲中将自己的个性展现出来，要让听众看到你是怎样被演说的内容感动的，运用你的热情和真挚也来打动听众。

尊敬你的听众

诺曼·文森特·皮埃尔博士在论及专业喜剧家时这样说："作为人，都有一个共性，那就是渴望被尊敬和被爱，在人的内心，都有一种内在的价值感，他们渴望被尊重和重视，一旦伤害这种感情，你就永远失去了那个人的支持。因此，当你爱一个人时，只要尊敬他，你也就能成就他，而且，他也会以同样的方式来回馈你。"

一次我和一位艺人一起上一个节目，当时我们并不熟悉，只是知道他。那次会面之后，我觉得这个人不好相处。

我很安静地坐在他旁边，就快该我讲话了。“你是不是很紧张！”他问我。

“啊，当然会有一点紧张。当我站在听众面前的时候，自然会有点紧张，因为我尊敬他们，正是这样的责任感让我产生了紧张感。难道你不紧张吗？”

“怎么会？为什么要紧张？那些观众就是一群笨蛋而已。”他当时这样回答我。

“怎么能这么说，对于我们来说，他们是至高无上的评委，我们要对他们怀着敬畏之心。”我说。

后来，皮埃尔博士了解到，这个人的人气每况愈下，原因大概就是他对听众的不尊敬，不懂得用谦虚之心赢得人心。

对于演说者来说，我们都想把心中所想的传达给他人，那么这一点就显得尤为重要了。

用友好的态度开始演说

一次，威廉·佩利遇到了一位无神论者，对方向他提出了挑战，他希望佩利能证明无神主张的错误。

佩利什么话都没有说，只是很安静地将随身佩戴的表拿出来，打开表壳说：“如果我告诉你，这只表上的杠杆、齿轮、弹簧是自己变成的，再把自身拼凑在一起，然后自己转动，你是不是要怀疑我的精神是否正常？当然会。但是你现在抬起头看看，在我们头顶上空的那些星星，它们都有着完美而互不干扰的运行方式——地球与行星们围绕着太阳，每天在太阳的引领下以160余万公里的速度运行。那些星星从某种程度上来说是另外一个太阳，它们也都有自己的世界，它们在太阳系里就如同我们的太阳一样往前奔走，但它们从来不担心会互相碰撞、干扰或者发生混乱，一切都是那么有序、安静地进行着。这样的现象，你相信它们是自然发生的，还是人为造成的？"

这里，面对无神论者的挑衅，假如佩利一开始就反驳对方："什么？没有神？你是不是疯了？你知不知道你在胡说些什么！"结果会怎样？不难想象，接下来一定是一场激烈的口舌之争，那位无神论者可能会因此心生怒意，疯狂地捍卫自己的观点，就像一只愤怒的狮子。就像奥维奇博士说的，那些是他的意见，这些意见被反对就好像他珍贵的自尊被威胁一样，所以他就会变得骄傲起来，开始反抗了。

尊严是人性中最敏感的话题，所以，聪明的演讲者是不会和人们的尊严去对抗的，而是为自己所用。那么具体来说该怎么做呢？

最简单的方法，就是按照佩利的样子，展示给我们的对手看，这能让他感觉到，我们所给出的意见事实上与他曾经信奉的是相同或者相似的，只有这样，对方接受起来才更容易，而不是拒我们于千里之外，在脑海中产生相反的理念，从而对抗我们的演讲。

这里，佩利通过展示法表达了他对别人的尊重，然而，在现实生活中，很多人都缺少这种能力，他们不懂或者没有意识到应该与对方一起进入他们已建立好的信仰的城堡里。一些人错误地以为，要先攻占城堡，就要对其进行炮轰，将其夷为平地，但是最终的结果呢？还没等你炮轰之前，对方已经产生了敌意，做好了防御工作，甚至先下手为强，最终只是一场头破血流的恶斗。双方争斗之后，却发现谁也没有捞到任何好处，他们也没有改变对方的想法。

我所推荐的这种方法其实并不新颖，在很早的时候，它就被圣徒保罗使用过。他非常熟练地使用它在摩斯山上对雅典人做了著名的演讲，这场演讲早已过去了19个世纪，但是至今想起来仍旧让我们赞叹不已。他接受过完整的教育，在改信基督后，他凭借自己激情洋溢的辩才，使自己成为基督教的主要拥护者。后来，他来到了伯里克里斯之后的雅典，那时的雅典早已过了鼎盛的时期。《圣经》中记载："所有的雅典人和在当地的外来人，大概已把全部的精力放到了传闻和打听新事物上。"

那样古老的年代，没有收音机、电信设备，没有任何现代的新闻传播方式，每天午后，雅典人要找点新鲜事来谈当然不容易，而保罗正是抓住了人们的心理和这一时机，他的出现就给大家带来了新鲜事，大家纷纷围在保罗的四周，觉得十分新奇、兴奋。他们把保罗带到阿拉伯，对他说："你所说的这些新鲜事，我们想一探究竟，想知道到底是什么意思。"

不用否认，他们这是在邀请保罗展开演讲，这与保罗的目的不谋而合，他当然会答应。

保罗随后便站在了一块石头上，抑或是拍卖台上，但刚开始的时候，他也和其他任何一位演说家一样是紧张的，他甚至搓了搓手，还在开口前清了清喉咙。

对于民众们所提到的措辞，诸如"新教义……新奇的事物"，保罗是不会同意这种称谓的，这是可怕的东西，必须要全部抛却，否则它就会逐步导致言论倾向于相反的意见，他可不希望人们把他的信仰当成其他的事或怪异的东西。他知道，只有将自己的信仰和雅典人已经相信的事实联系起来或者做比较，才能避免争端和异议，具体该怎么做呢？他思考了一会儿，找到了一个很不错的计划，然后他便展开了一场流传于世的不朽的演讲："我知道你们雅典人非常敬畏神。"

对于这句话，一些版本翻译为："你们非常具有宗教热诚。"其实这样翻译更好和更准确一点。雅典人一直信奉多神，很虔诚地相信。如果先赞扬他们这一点，他们就会在内心感到亲切。要想成功演讲，还必须要遵循另一条法则，即要用例证支持论述，保罗就是这么干的。

“当我来到这里，我看到你们的祭神仪式，我路过一处神坛，我看到那里写着‘献给不知名的神’。从这里，就能看出雅典人的虔诚，我们害怕自己忽略了任何一位神，竟然建立神坛去供奉一些不知名的神，这就好比给自己做的所有项目都买保险，这样，任何一项自己没有察觉到的疏忽或者危险都能排除了。”保罗在这里提到特别的神坛，并不是在奉承，只是表达了自己在观察后对雅典人的真心赞赏。

这样，一个再合适不过的开场就出现了：“你们所说的不知名的但却崇拜的神，此时我就将它宣告给你们。”

在整个演讲中，他从未提过“新教义……新奇的事物”，他只是解释一些有关神的事实，而这位神他们一直在供奉但却不了解。所以，保罗的高超之处就是将雅典人本不相信的事情与他们几近狂热的事情联系起来。

最后，他又说到原罪以及耶稣复活的事情，引述的是当时希腊人人皆知的一位诗人的诗句，以此结束整个演说。当然，不免有人嘲笑他，但是大部分人却说：“我们还想听听你讲的事。”

如果你想说服他人，或者让他人对你的演讲留下深刻印象，那么，最有效的办法就是将自己的观点灌输到听众的耳朵里和心里，如果你能做到这一点，你说起话来必定魅力无穷，总能在有形或者无形中影响着别人。在我的另外一本书《人性的弱点》里，也有关于这一法则的讲述。

在我们每天的生活中，我们几乎随时随地都有可能与人交换意见，我们会就此讨论。我们常常需要在办公室、社交场合、家中赢得人心，进而让他们接受我们的思想。那么，你为何不想想自己沟通的方法中有没有需要改进的地方？你是怎样开始你的谈话的？在谈话中有没有将林肯和麦克米伦的智慧运用其中？假如你这样做了，你已经是一位不可多得的外交人才，更是心思缜密的高手。记住伍德罗·威尔逊的话吧：

如果你对我说："我们先坐下来谈谈吧，如果我们的想法中有不合的地方，那么，我们就了解一下原因，看看究竟是哪里存在问题。"然后，我们马上就会感到我们彼此之间只有一些细微的不同，只要我们有耐心，也有沟通的诚意，我们最终就会沟通。

即兴演讲

一家制药公司研制出一款新的抗生素——一种能对抗过滤性病毒的抗生素，以及疏解紧张情绪的新型镇静剂。它们刚开始在动物身上做实验，后来在人身上做实验，结果都让人满意。鉴于此，公司邀请了一些商界精英和政府部门的人前来参观。

其中一位官员站起来对这家制药公司的主任说："这简直太不可思议了，你知道吗，你的手下都是魔术师，你怎么不站起来讲话呢？"

没想到，这位主任低下头说："我只敢对自己的脚说话，不敢面对公众。"

午餐的时候，会议的主持人仍然不知道主任怯于当众讲话，对大家说："到现在为止，我们还没听到过我们的主任讲话，我不喜欢听正式的演讲，要不我们就请他随便说几句吧。"光是这样一番话，就让这位主任很吃惊了。

这位主任慢吞吞地站起来，挤出了几句话，他知道自己说不好，一直在道歉，这些道歉的话就成了他说的全部内容。他就一直站在那里，他在自己的行业里可谓高精尖的人才，但在说话时却与普通人没什么两样，显得很笨拙。

其实，当众说话没什么难度，他完全可以做一场即兴演讲。在我们的培训班上，没有任何一位学员不会这一点。一开始的时候，也有学员不敢开口，但是要不了多久，只要他下了决心，就没有攻克不了的难关，就没有不能完成的任务。

可能你会这样说："如果在开始之前进行了准备和练习的话，则是毫无困难的。但是让我突然站起来，我就会发慌。"这种状况下，最重要的就是快速地整理自己的思绪并发表讲话。现代社会，出于商业的需要和现代人沟通的习惯，我们每个人都要掌握即兴发言的能力。要知道，很多影响今日工业和政府的决定，都不是来自一人的，都是在谈判和会议桌上商定的，如果你想影响大家的决定，你的任何一句话都必须强劲有力，这大概也是即席演讲必须要生动突出的最重要的原因。

经常练习

任何一个能控制自己的正常人，都可以做出令人接受甚至是精彩的即兴演讲。经过分析和研究发现，我们是能够找到一种或者几种方法来帮助我们在被人突然邀请上台的情况下流畅地说几句的。

什么是即兴演讲呢？所谓即兴演讲，顾名思义，就是“不假思考地对听众说”。其实，我们是能够找到一种或者几种方法来帮助我们在被人突然邀请上台的情况下流畅地说几句的。

我们要说的第一种方法是被很多演讲者使用过的，那就是针对各种题目进行思维练习。

很多年前，道格拉斯·费邦克应邀给杂志《美国》写文章，在这篇文章里，他讲述了一种益智游戏。

这一“游戏”的规则是：我们每个人被分到一张小字条，我们在自己的字条上写下题目，然后把字条折叠好放到一个瓶子中，每个人都从中抽出一个题目，并马上就这个题目进行一分钟的叙述。同一题目不能被讲两次。有一次，我抽到的题目居然是“灯罩”，也许你认为这个题目实在是没什么可说的，不过正好是锻炼自己即兴演说能力的机会。

最为重要的是，自从我们开始玩这个游戏之后，我们好像变得敏锐多了，对于遇到的各种奇奇怪怪的题目，我们也有了更多的了解。最为重要的是，我们都学会了如何在最短的时间内根据拿到的题目做思维的收集和整理，也就是站着思考。

所以，我认为，这不仅仅是一种“游戏”，而是一种对思维的训练。

同样，在我的培训班里，我也会经常请学员们站起来做即兴演讲。这样的练习对提高演说能力有两方面的作用。

第一，它能增强学员的信心，让他们相信自己也是能站着思考的。

第二，有了即兴演讲的经验，能提升他们的应变能力，即使演讲卡壳，他们也能轻松运用即兴演讲来救场。

这些学员都知道，即便是对于那些可以在事先做准备的演讲，在开始演讲后也有可能出现头脑中一片空白的情况，但是他们有了即兴演讲的经历之后，就能很有条理地说话了，直到将思维重新拉回到原来的话题上。

所以，我经常会临时通知学员们：“今天晚上大家到这里集合，到时我给大家一些不同的题目进行即兴演讲，所以只有晚上大家到这里后才知道自己演讲的题目。祝大家好运！”

真到了演讲前，大家才发现，会计师拿到了关于广告的题目，广告推广员拿到的题目则是有关幼儿园的；老师的题目也变成了有关银行业务的，而银行家的题目却是如何教学；文字工作者被指定谈生产，而生产专家则要讨论运输。

对于这些陌生领域内的题目，学员们从未放弃，这些学员从不认为自己是该方面的权威，但只要将自己拿到的题目和自己熟悉的知识联系起来就可以。刚开始这样演讲的时候，可能他们讲得并不好，但是至少他们有勇气讲，他们有勇气站起来。可能有些人觉得困难，有些人觉得不是那么难，但总的来说，这都是一种历练和体验，他们发现，原来自己还有这样的能力。

不只是这些学员，任何人只要有这样的意志力和信心，只要敢于尝试，都可以做到。

我们要说的第二个方法是即兴演讲的连接技巧。在我的培训班上，这一点是很刺激的。

这个游戏就好像接龙一样。例如，一个学员说："前几天，当时我正开着直升机，突然，我看到正在朝我逼近的一大群飞碟，我被迫下降。不料在靠近的飞碟里，居然有个小人向我开火，我……"马上，铃声响起了，这个人的演说时间完毕。接下来，由另外一个学员继续，他必须把故事接下去。等到每个人的故事讲完，也许故事的情节都不知道跑到哪里去了，可能是火星上，也有可能是国会大厅。

这一看似是游戏的方法，其实在培养我们即兴演讲能力。一个人获得这种练习的机会越多，他无论进行什么形式的演讲，就越是能驾轻就熟地面对可能发生的各种意外状况。

随时做好发表即兴演讲的心理准备

当你在毫无准备的情况下被请上台发表演讲时，多半情况下，大家是希望你能就你熟悉的某个领域谈谈你的看法。

所以，对于你来说，一定要有面对这种情况的心理准备，并在最短的时间内梳理出自己将要谈论的内容。最好的方法就是即便你不知道自己要发言，也要在心里对这种情况有所准备。你可以询问自己：假如我被叫上台讲话，我该说些什么呢？今天的会议适合说什么样的话题？对于会上提出的问题，怎样措辞才能表示反对或者赞同？

因此，我想告诉给你的一个建议是：无论在什么场合和情形下，要随时做好站起来即兴演讲的准备。

然后，我们要进行思考，并且是不断地思考。

思考是世界上最难的事，也是最常见的事。事实上，即便是那些已经称得上是演讲家的人，他们做的每一场演讲，也肯定是少不了思考的。也没有哪位演讲家是不花时间来分析他即将参加的公开场合并做好准备的。这就好比一个飞行员，他要不断地向自己提出任何可能的难题，只有这样，他才能随时准备去应付那些可能出现的紧急状况。任何一个演说高手，都是在历经了无数次的演讲并进行经验总结后才能做到口若悬河的。细究起来，这样的演说也不是严格意义上的即兴演讲，因为在平时已经为其做过准备了。

接下来我们就要组织语言，以便更适合时间和场合。既然是即兴演讲，那么，演说时间一定不会太长，你要做的就是考虑场合问题，你不必一直向公众道歉，说自己没有准备好，这本身就是一场即兴演讲。你要在最短的时间内入题，迅速思考，总结自己的几点意见，用恰当的语言阐述出来。

从举例开始

为什么要从举例开始？有三个理由：

也许你总说在思考下一句该说什么，但如果举例的话，你阐述的就是来自你头脑中的经验，所以困难较小。

能带你逐步进入演说状态。刚开始，你可能很紧张，但随着对例子的复述，你的紧张感会慢慢消失，你也能逐渐将题材酝酿成熟。

例子能帮助你抓住听众的注意力。

对于要进行即兴演讲的你，能否在开场的一分钟之内迅速抓住听众的注意力，对接下来的演说十分重要。沟通是双向的，当你能捕捉到这一信息——听众在认真地听你叙说，你会获得被认可和接纳的反馈，一旦有了这种认识，你会产生继续说下去的愿望。正是那种渴望你继续说下去的眼神使你有了动力，这就是一个互动的过程。这样的互动是和谐的，这也是成功演讲的关键，如果缺少了，真正的沟通不可能发生。

所以，我们一定要学会用实例展开演讲，尤其是当别人请你站起来说几句的时候，举几个例子是非常管用的。

语言活泼

如果你能拿出你的激情、声音洪亮、浑身充满活力，那么，这对你的演说将会起到很好的效果。

不知道你是否留意过，你去听一场演讲，突然，演讲者站起来，开始运用手势。你会发现，他说话也变得流畅很多，甚至会迸发出很多灵感，听众肯定会围过来。要知道，人的心理活动是会表现在生理活动上的。例如，我们会在语言中将它们联系起来，然后这样说："我们抓住了一个概念"或"我们掌握住了一个思想"。一旦我们的身体获得了能力，变得朝气蓬勃，我们在心里也能迅速地展开活动，这和威廉·詹姆斯说的一样。一旦我们的身体充满活力，我们的精神也会被带动起来，因此，只要你能忘我地投入演讲之中，你就能自然地成为即兴演讲者。

因地制宜，因人而异

也许你遇到过这样的情况，当你还在轻松愉快地欣赏主持人的讲话时，身边的人突然拍拍你的肩膀，对你微笑着说："讲几句吧？"事前毫无征兆，突然他就对你说了这样的话，你都还没回过神来，就成了下一个做即兴演讲的人。

遇到这样的情况，可能马上你就慌了，六神无主了，像史蒂文·李卡克那个出名却迷惑的骑手跳上马"四下里乱窜"。此时，你要在最短的时间内做几次深呼吸，让自己的内心平静下来。你可以这样做：先向主席台致意，说上几句，这是一个缓冲的机会，然后，你要考虑说什么话题了，不过，我们要知道，人们最感兴趣的是他们自己，所以以下几点建议值得我们学习。

第一，说一些有关听众本身的事。要想让你的演说成功，就不能忽略这一点，多谈谈你的听众，谈谈他们是谁、对社会做了什么贡献，当然，更不能忘记用一个实例来证明。

第二，说一些有关场合的话。你可以说说这次会议召开的理由，要么是表彰大会、年会、政治或爱国集会，要么是周年纪念会议等。

第三，假如你对上一位演讲人的观点或者其中一个点特别感兴趣的话，也可以拿来详谈一番。

任何一场成功的演讲，都是真正的即兴演讲，这些演讲表达的都是演说者对听众和当时场合的感受，一切都是符合时宜的，是为当时场合量身定制的。听众、场面、其他演说者的观点等，在他们的脑海里，他们的观点已经被刻下了，成功也就是自然的事了。

即兴演讲绝不是东拉西扯、信口开河

这一点与我们前面所说的演说技巧或许不同，但无论如何，你需要清楚地表达你的意思而不是东拉西扯、信口开河，甚至将一些风马牛不相及的事拉到一起扯，这样做是不行的。

你说明白你要说的问题的中心是什么，所有的理念、论据都是围绕这个中心进行，这就是你要说明的中心思想。你所举出的事例也要和这一思想相吻合。假如在整个演讲中，你能表现得满腔热情，那么，你的演说会更有活力和感染力。

牢牢记住我说的这些建议，即便你被推举出来进行即兴演讲，你也可以得心应手、无往不胜了。当然，你最好还是要将我们在前面提及的一些训练技巧运用其中，并多加练习。

在一些如聚会、集会这样的场合，若怕临时被推举出来做即兴演讲，你可以在事前稍微计划，你可以留意一下别的演讲者，设法将你的理念归纳为几句话，若是需要就将它们简单明了地讲出来。

建筑师兼工业设计家诺曼常说，假如他不站着说话，他简直就无法将自己的想法表达清楚。当他在办公室和其一些同事谈论某个问题或计划时，他只有踱来踱去才能讲得清楚。

对于我们中的绝大多数人而言，要想站着说话，似乎并不那么容易，其实，只要我们想学怎样站着说话，我们也是能学会的，这里有个重要的窍门——先做个简短的讲话——再有另一个开端，又一个，再一个，不断持续下去。终于，你发现，你做的这些演说一次比一次完美，一次比一次精彩。最后你做即兴演讲，已经轻松到好像就是在你家客厅里与你的朋友谈话那么简单轻松。

第四篇

演讲是沟通的艺术

第十章　演讲时的态度

经验告诉我们，无论何种形式的沟通，无外乎四种交流方式：我们做过什么、我们看起来怎样、我们说了些什么、我们是怎么说的。在本章中，我们着重来谈论第四点，即我们是怎么说的。

在我开办培训班时，我花了很长的时间来做发声练习，主要是让学员们增广自己声音的音域，从而让学员们做到演说时能慷慨激昂、抑扬顿挫，但是这些太难了。而且，我发现这些是无用的东西，我们是速成班，与其花时间在这些事情上，还不如教导学员改掉胆怯的毛病。你也可以这样做，只要你拥有了良好的演讲态度，你就会取得十分惊人的成绩。

打消怯场的心理和放不开的心态

在我开设培训班的时候，为了鼓励学员们开放自己的心态，我还专门设了几个课程。法国的马歇尔·富希将军在提起战争艺术时曾说：“它很简单，但说起来却也复杂。”因为生理和心理上的局促都增加了难度。其实，练习演讲也能逐步克服不安，反过来，克服不安也能提高演说能力。只要自己能走出来，听众也会热情对待你。

任何人都想自然地在大众面前说话，但这并不是一件容易的事。并且，我们会随着年纪逐渐增长而增加自己当众说话的难度。当你只有四五岁时，你可以很流利地登台讲话，但是到了二十四五岁或者四五十岁的时候，你还会能谈吐自如吗？也许会，但更多的可能是变得矜持、放不开了。

在对成人进行演说培训时，我们不必要把精力全部放到改变他们的发声上，而要帮助他们扫清内心的障碍、消除内心的胆怯，让他们重获信心，即使在演讲中出现被打断的情况下，也能轻松应对。

很多事情说起来容易，做起来却很难。在培训的过程中，我经常打断学员们，鼓励他们只要像平时说话那样就好了，为了帮助他们克服局促，我经常绞尽脑汁、身心疲惫。

在课堂上，我会设置一些情境，鼓励学员们进行情境对话，我告诉他们一定要进入角色。在练习的过程中，他们自己都惊讶于自己的进步，尽管一开始演技有些僵硬，但进步很快，并且，确实有一些学员，他们具有惊人的表演天赋。

我认为，在演说中，如果你本来梳理得十分熨帖的发型乱了而你丝毫不介意并继续演说的话，那么，你的演说就能达到平时说话时那样的轻松境界了。

此时，你会感到毫无拘束。人们为什么会喜欢看电影或者各种各样的舞台剧呢？因为他们希望自己能和他们一样在舞台或银幕上无拘无束地进行表演，完全沉浸在自己的感情里。

不必刻意模仿他人

可能你羡慕那些在公众面前侃侃而谈、落落大方的演讲家，也希望毫无困难地表达自己的想法和观点，让听众喜欢听自己说话。但千万别模仿他们，你应该有自己的个性。无论是你的演讲词还是你的态度，都不要模仿他人。

第一次世界大战结束后不久，我与罗斯·史密斯还有凯恩·史密斯兄弟俩在伦敦相遇，他们有从伦敦到澳大利亚的首次飞行壮举。正是因为如此，澳大利亚政府给了他们5万澳元的奖金；而从英国的角度看，他们的壮举使英国女王乃至整个大英帝国沸腾，为此，他们获得了一个爵位。

在他们飞行的过程中，一直有一位陪同的摄影师，他就是哈雷上尉，他用相机拍下了很多飞行的瞬间。我受邀为他们兄弟俩进行一些有关画面展现的设计，因为他们要在伦敦进行一场演说，以把这次飞行的经历陈述给听众。

这场演说的时间安排是这样的：下午和晚上各一场。他们轮流来演说，演说效果十分理想，这一活动竟然持续了4个月。

我们都知道，这两兄弟有着相同的飞行经历，而且他们的演说词很相似，但如果你听了他们的演说就会发现，他们似乎在说完全不同的事。为什么会出现这样的效果呢？

主要是因为他们使用了具有自己特色的、个性的关键词汇。所以我认为，演讲中，即便你与他人描述的是同一个微小的细节，也要避免运用同一个词汇。

俄国大画家布鲁洛甫一次将其学生的作品拿来修改，过了一会儿，他的学生惊奇地大叫：“呀！老师只是动了那么一小点儿，可是它完全不一样了！”布鲁洛甫说：“艺术就开始于那一小点儿的不一样啊。”

这一点也适用于演讲，这就好比明明是同一首乐谱，但是由两位不同的演奏者来演奏，只要风格变换了，效果就大不相同。在英国的宴会上流行这样一句话：“所有的事情都取决于人们的表达方式，而不是它本身的真相。”

汽车制造商福特的设计师们一直致力于生产出完全一样的福特轿车，但太阳底下都不可能有完全相同的两个生命。这个世界上，没有另外一个人是和你相同的。几十亿人都有两只眼睛、一个鼻子和一张嘴，但没有一个人是跟你完全相同的，也没有一个人有和你相同的思想及想法。

我们要培养这样的观念：你应该塑造独特的个性，让自己与众不同，并发展自己的价值。

当你站在演讲台上，表达自己的想法时，没有人能和你一样，这是你的个性特点。当你作为一名被人喜欢的演说者侃侃而谈的时候，你就在展现你最为宝贵的能力，你要珍惜和发挥它，你需要认真准备每一场演讲，在每场演讲中全力以赴，所以，无论如何，你都不要失去自己的个性，让自己成为别人。

别忽视同听众交流

一次，我去瑞士阿尔卑斯山的避暑胜地穆伦，我当时住在一家伦敦人经营的旅馆里。

每周，这家旅馆都会从英国邀请两位演讲家来向旅客们演说。一次，来的是一位很有名的女小说家，她演讲的主题是——“小说的前景”。这个主题不是她自己拟出来的，可见不是精心准备的，也许她自己也知道这样的话题并不合适，在演讲中，突然觉得无话可说，她对这一主题并不感兴趣。可能在演讲之前，她也匆忙准备了一些提要。在演讲时，她头也不抬一下，也不看观众，更不关心听众的反应，她一直低着头看笔记，又看看地板，眼神迷茫。

这是演讲吗？可能像是在说梦话吧，因为整场演讲，她与听众的一点沟通都没有，而好的演讲，最重视的就是与听众的沟通。

所以，在演讲中，你一定要让听众感觉到，你有很多信息要传达到听众的脑海中。我们上面所说的那位小说家的演讲更像是面对那些已经风化的事物，她根本没有认识到，台下坐着的是活生生的人。

我们能看到很多关于演讲的书籍，导致演讲术被神秘化和规则化了。一些人为了提高自己的演说水平，去书店购买书籍或者跑到图书馆去学习，但其实一点用也没有。因为那些古老的“雄辩术”一旦被运用到现实中，将会十分荒诞。

虽然我们看到一些学校在这方面做出了一些成绩，但是孩子们还是被要求去背诵那些徒有华丽语言的辞藻，它们已经落伍了，就好像那些已经运转不起来的机器一样。

自从内战结束后，一些学校出现了崭新的演讲理论，新时代的演讲精神是直截了当的，直接运用了广告和图表，曾经一度流行的华丽的演讲风格已经过时了。无论演讲的规模多大，听众都希望演讲者能像谈话一样直接说出主旨，态度也要如私下交谈一样亲切。

我们这个时代的听众，无论是小型会议上的10多个人，还是偌大空间内的几千个人，都要求演说者的语言像话家常一样轻松活泼，需要演说者好像与他们交流一样。如果你的听众是40个人，那么，你就要比对一个人说话更费脑筋了，你需要让自己看起来更随和且具有亲切感。

有一次，马克·吐温在内华达州的矿场发表演讲。演讲结束后，一位年岁较大的探矿员走过来对他说：“能不能让你的语调听起来更自然呢？”很明显，他代表了听众的要求，希望演讲者能更加自然。

可能你会问，怎样才能掌握自然说话的技巧呢？唯一的方法就是练习！在练习的时候，如果你发现自己的态度扭捏、不自然，你就可以停下来对自己说："你哪里有问题？好吧，清醒一下，要自然一点、更富人情味！"你在练习的时候，可以假想一个听众——他可能是坐在最后一排的，你想象他问了你一个问题，而此时你正在回答，假如他是站起来问这个问题的，你回答他时就可以更自然和直接了，更像话家常。

例如，你可以这样说："大家是不是会有这样的疑问：你这样说，有没有依据？当然，我的依据是充分的，现在我就来说明一下……"这样，你的讲话就十分自然。

你可能会问：如果听众是一些像社区委员会领导这样的人呢？你还是应该像和老朋友约翰聊天一样，只不过是很多个"约翰"而已，有什么不同呢？

前面，我们提及在旅馆演讲的小说家，同样是在那家旅馆的演讲大厅，我听到了奥利佛·劳兹爵士的讲演。他的演说题目是"原子与世界"。这个主题他曾花了半个世纪去研究和探查，它甚至融入他的生命。他觉得自己有一些话必须要说出来，好像他早就忘记了这是一场演讲。奥利佛·劳兹爵士只关心一点：要将自己知道的关于原子的事情都告诉听众，所以他饱含热情，演讲内容明确、情感丰富。

他这场演讲果真是精彩绝伦、超凡脱俗的，给听众留下了深刻的印象。

假如你在演讲的过程中，听众怀疑你是否接受过演讲训练，那么，这并不是在为老师争面子，因为任何演讲只要态度自然，才是真正成功的，有雕琢和做作的痕迹，哪怕再流畅，也打动不了别人。

全身心投入讲演中

演讲需要你投入高度的热忱，当一个人被自己的感觉影响时，他的热情就会被点燃，他的行为、语言都会很自然，一切也就顺其自然了。

所以，归结起来，学习任何表达技巧的前提都是要全身心投入演讲之中。

耶鲁大学神学院院长曾说过一个故事：

我的一位朋友跟我说他曾经参加了一次教堂仪式，而这次经历让他永生难忘。

他告诉我，当天布道的是著名的牧师乔治亚·麦克唐纳，在为大家念完《新约》的经文后，他说："想必我们都知道先知的那些事迹，他们是如何执着于自己的信仰的，而什么是信仰，我想大家也应该很清楚，如果不清楚，神学教授会告诉你的。我今天的任务是帮助大家建立自信。"这样一番真诚的语言令人动容，随后，他又阐述了自己的信念，他希望教友们可以树立坚定的信念。他一番真诚的话，直达听众们的内心，自然效果惊人。

乔治亚·麦克唐纳的演讲能获得成功的秘诀在于他能全身心地投入自己的说话中，我们任何人做演说何尝不应该如此呢？但是并不是所有人都能按照这一秘诀来做，因为他们更希望得到明确的指令、获得简单明了的建议。

我们有这样的念头很正常，包括我自己曾经也有，如果别人给我忠告，那么，最好是能轻松执行的，这样我的工作也省去了很多烦琐的步骤，但是按照我的经验，我必须要告诉大家，这样的建议根本不存在，如果有，那也只是呆板的、失去光彩的、不自然的，这是我年轻时的经验和教训。我曾花了大量精力来寻找和练习这些可以掌握的规则，但却根本没有。因为没有谁将这些不存在的规则写在书本中，这就好比乔希·布令思说的那样：“那些无用的事物，你了解得再多，还不是一无所获！”

如果真要说有技巧的话，那我们不得不提埃德·布克这个人，他的演说词逻辑性很强，因为他工于谋篇布局和逻辑推理等，所以，我们能在美国各大院校的演说课中看到他的案例。然而，论及演说的效果，可以说，他是失败的，他被取笑为“国会下院开放铃”，一旦他站在演说台上开始说话，台下的听众就开始小动作不断，如打瞌睡、咳嗽等，直到无聊地离开。

所以，我们可以说，如果一场演说让人没有深刻的印象，那就不会在听众的心里留下任何的痕迹。

让你的声音展现生命力

前面，我们强调要与听众进行沟通，其实，除了语言外，沟通的渠道有很多。例如我们的声调以及肢体语言，而且，这些肢体语言会随着演说题材的变化和场合的变化表现出不同的意思，且向听众传达不同的思想。不过这些与听众的沟通方式都是后天学习和训练得出的，而不是我们与生俱来的。

在日常生活中，我们每个人每天的情绪和状态不同，受此影响，我们的声音和音调的转换也不一样。正因为这点，我们在挑选演说主题的时候，最好说那些自己擅长、熟悉或者感兴趣的话题。

随着年龄的增长，不少人都失去了年幼时的纯真和自然，与人说话、沟通也都陷入模式化之中，变得没有生气。人们一旦长大，就不喜欢使用手势，也不擅长将自己的语调变得抑扬顿挫，就算是出于自然的反应，人们也尽量克制自己而不让其流露出来。

如果你希望成为一名好的演说者，就不能拒绝吸收新的词汇，或者吸收新的表达形式。

前面，我们一再强调演说时要自然，一些人可能对这句话有误解，认为既然要“自然”表达，那就可以随意说话，其实不然。我们所说的自然，指的是演说者要真诚、专注、顺畅地将自己的想法传达给听众。

所以，无论何时，都别认为自己的表达能力已经是最好的，要知道，人外有人，天外有天，你永远要在词汇的表达、想象力上不懈追求，不断将自己历练成一个优秀的演说家。

那么，怎样判断自己的遣词造句是否有生气？

你首先要判断自己的音量、音调和语速，为此，你可以将自己的演讲录下来，仔细听一听，也可以请你的朋友评价一下，看自己的语速是快了还是慢了，音调变化是否合理，当然，如果有专家指点更好。不过，这些都是把听众除外的练习，你要面对的毕竟是听众，因此，我们要想象自己是在听众面前讲演，这样的练习会更有效。当你站在了演讲台上，就要让自己专注于演讲本身，将精力放到与听众形成心理共鸣上，这样，你的演讲一定比书本上的更有力量！

第五篇

挑战成功演讲

第十一章　介绍演讲者、颁奖和领奖

当你被推举出来当众说话的时候，你的职责可能是再找另外一个人出来做演说。演说的目的前面我们已经分析很多，大致是说明、愉悦听众或者说服听众。有可能你是民间组织的节目主持人，或是妇女俱乐部的一员，你需要介绍下次会议的主持人；或者你企盼在当地的妇女会里演讲，或是你要在自己的销售小组、工会聚会或政治组织里讲话。在本章我们的任务就是帮助你准备介绍词，同时就颁奖和领奖方面提一点有用的建议。

约翰·马森·布朗是一名作家，同时是个出色的演讲家，他活泼生动的演讲风格，为他赢得了一大批的忠实听众。一天晚上，他和将把他介绍给听众的主持人谈话。

那个主持人对布朗说："不要害怕自己说什么，轻松点，我才不相信非要准备什么，在我看来，做准备什么用都没有，只会让整个演讲的神秘感和美感被破坏，听众的兴致也会被破坏。我就等着在我站起来的一刹那感觉突然来找我，不过我可告诉你，在这一点上，我可从来没有过闪失。"

这些话听起来是多么信心十足，为此布朗也憧憬有一个好的介绍。他有本书名叫《积习难去》，在这本书里，他回忆了整件事，他完全没料到，主持人站起来却说出了这样的话：

“各位先生，请安静，大家注意一下好吗？今晚有个坏消息告诉大家，本来，我们想请艾萨克·马可森来做演说，但可惜的是，他病了不能来。(鼓掌)我们又想请参议员梅德来向各位做演说……可是他太忙了。(鼓掌)我们又想请堪萨斯城的洛德格博士前来跟各位谈谈，但是也没成功。所以，我们只有请——约翰·马森·布朗来替代了。(鸦雀无声)”

布朗先生在回想这件事时曾调侃说：“至少我的那位灵感总是随叫随到的朋友，终于把我的名字说对了。”

你当然已经看出来了，那个总是吹嘘自己的灵感能随叫随到、能帮助他应付一切的人，就算他是故意那样做的，也不会比他现在弄得更糟了。他的介绍完全违背了一个介绍人该有的职责，也有愧于他对听众的职责。虽然这一职责并不大，但却十分重要，让我们感到吃惊和不解的是，不少节目主持人似乎都没有察觉到这一点。

说到介绍词，它应该有交际介绍的功能，它让演讲者和听众集合在一起，能营造出良好的沟通氛围，能在演讲者和听众之间建立起兴趣的桥梁。假如有人这样诠释介绍词：“你不必说什么话，你只要向听众介绍演讲人就可以了。”那么，此人就是没有理解介绍词的真正含义，这分明是没有认识介绍词在演讲中的重要性。这大概就是不少准备介绍词的主持人不重视它的缘故吧。

介绍词——这个词由两个拉丁文词根组成，这两个拉丁词根的意思是“至内部”“引领”——从这里看，它应该是带领我们进入题目的内部，让我们听听关于它的一些论述。同时，我们还应该通过它来了解演讲者，看看这位演讲者是否能驾驭这一演讲题目。也就是说，介绍词应该将两大因素介绍给听众：题目和演讲者，并且最好在最短的时间内将这件事做好、做完。

这是介绍词应该达到的效果，然而在所有的介绍词中，做到这一点的还不到20%，之所以要特别强调“还不到”，是因为大多数的介绍词是拙劣的，内容空泛无力。为什么会这样呢？事实上，假如每个介绍人都深知自己身上责任的重大，再辅以正确的方式、恰当的技巧，那么，他一定会成为大家争相邀请的典礼主席或主持人了。接下来的几条建议，可帮你准备一套组织完备的介绍词。

认真准备

一般来说，介绍词都很短，不会超过一分钟，但还是要仔细准备。

首先，我们需要做到收集事实，包括演讲者的题目、演讲者对此题目的谈论资格、演讲者的背景。如果可以，还有第四个内容：他所演说的题目是多么有趣。

介绍人一定要事先了解最准确的题目或观点，并掌握演讲者演说这一题目或观点的大概方向。最尴尬的莫过于演讲者与介绍人所介绍的并不相同，甚至是背道而驰的。如果介绍人事先做足了了解的工作，也不做任何胡乱揣测的话，这一失误是可以避免的。

介绍人最重要的不是承担报幕员的职责，而是要说出演说题目与听众关心的问题之间的联系。所以，条件允许的情况下，介绍人要设法直接从讲演者身上取得资料。如果需要借助第三方的帮忙，如节目主持人，就应该设法获得书面资料，并在会议前向讲演者本人确认。

演讲者通常努力的方向都是在取得演讲者资格这一方面。假如你要介绍的演讲者是家喻户晓、人尽皆知的，那么，你能从《世界名人》或类似书籍中获知精确的资料；假如他是一位地方性人物，你可以从他所在单位的人事部门获得资料；你还可以去拜访他，或者从他的家人或朋友那里获得资料，最为重要的是，你要确保你获得的资料的准确性。

陈述太多或者介绍太多也会让人厌烦，假如你已经指出了对方是某方面的博士，还继续提他的学位就是多余。同样，你最好指出对方最高和最近的职务，至于对方在大学毕业后所担任过的一些职务，不要牵扯。最要紧的是，对方最了不起的成就要提，对于那些次要成就则可忽略不计。

例如，我曾听过一次演讲，当时做介绍人的是一位知名的演讲家（他应该还可以更知名的），他要向大家介绍当时著名的爱尔兰诗人叶芝。叶芝将在演讲会上朗诵自己的诗。就在3年前，叶芝获得了当时文人们的最高荣誉——诺贝尔文学奖，但在那样的场合下，听众中知道该奖项的人大概不到十分之一，无论如何，这两件事都该被提一下，因为这是最为重要的，但是主持人说了吗？没有！他完全将这件事忘记了，反而在那里大谈神话和希腊诗歌。

此处最为重要的是你要向听众介绍清楚演讲者的名字，也不能发错音。约翰·马森·布朗曾说，曾有人把他的名字说成约翰·布朗·马森，甚至是约翰·史密斯·马森！有名的加拿大幽默家史蒂芬·吕科克，在他那篇轻快的散文《今晚我们相聚》中，提到了一则别人对他的介绍词：

我想大家和我一样，都十分期待李洛德先生的光临。从他的著作中，我们已经认识并了解他了，他就好像我们的一位老朋友一样亲切，事实上，我这样说一点也不夸张，我也这样告诉李洛德先生，他在我们本地早已是家喻户晓的人物，我自己也感到非常荣幸，今天能向各位介绍——李洛德先生。

介绍人一定要做好准备工作——多做资料收集工作，要保证你介绍的内容的正确性，介绍词明确，才能达到你的目的——提高听众的注意力，让他们接纳你介绍的演讲者。如果你准备不足，那么，你很有可能讲出让听众听完昏昏欲睡的话来：

我们的讲演者家喻户晓、声名远扬，被公认为是他所言说的题材这一专业内的权威，所以我们很想听听他关于这一题目的高见，因为他来自一个很远的地方。本人感到极大的荣幸向各位介绍，现在且让我们看看——噢，在这里——某某先生。

还是稍微花点时间准备吧，这样才能避免说出如此恶劣的介绍词。

掌握“题目——重要性——演讲者”公式

这一公式适用于大部分的介绍词，“题目——重要性——演讲者”这个公式是一个很便捷的指引，运用它，你就能更好地组织你所收集到的材料。

题目。演讲者要说的主题，并适当地介绍下。

重要性。此时，你要找出听众和题目之间的联系。

演讲者。你要在此时罗列出演讲者的资历，尤其是他在本题目上的资历。最后，你一定不能遗漏他的姓名，而且要准确无误。

虽然是公式，但绝不应该是模式化的，你大可以发挥自己的想象力，让演讲生动有趣。接下来，我们举出的例子就是说明你可以怎样依照该公式准备介绍词，却找不到该公式遗留下的任何痕迹。这是由赫姆·桑提供的介绍词，是为了介绍纽约电话公司的副总裁乔治·韦勃：

今天，我们演讲人演讲的题目是“电话带给你什么服务”。对我自己而言，在这个世界上，神秘的事情太多了，如爱情、赌马人的执着，还有重要的一点，就是在打电话时发生的奇妙的事情。

我想，你打电话，是不是有拨错号码的时候？你可能纳闷的一点是，为什么你每次从纽约打到芝加哥的电话反而比打到你家山的那边的城市的速度还要快呢？你也许不知道答案，但是我的演讲人知道答案，关于电话问题的一切答案他都知道，要知道，他在这一领域已经有20多年的经验了，他的工作是将有关电话的各种详细资料整理分类，使这一事业被所有的人知晓。他一直努力勤奋工作，所以，现在他已经是电话公司的副总裁了。

现在，他会将他们公司服务于民众的方法告诉我们。如今，我们每个人都对电话有深厚的感情，今天，我们就将他看成施恩的圣者。如果你也有困扰自己的有关电话方面的问题，就请他来解答你的问题。

各位先生、女士：现在请用掌声请出我们的演讲人——纽约电话公司的副总裁，乔治·韦勃先生。

这位介绍人的话是多么巧妙，他先通过疑问引起大家的好奇心，接着引出电话问题，他还暗示听众可以向演讲者提出问题。

我相信，这番有趣的介绍绝不是事先背诵下来的，即便是事先写在了纸上，但是阅读起来依然像平时说话那样自然和流畅，一般来说，最好别事先背诵介绍词。一位晚会主席做介绍时，说着说着就忘了事先背好的台词，她深深吸了一口气，然后说："由于伯伯德上将索价过高，我们今晚请来的是克丽妮亚·郁金娜。"

所以，介绍词必须发自真心、谈吐自如，是临时发挥出来的，而不是背诵僵硬的讲稿。

在上面我们已经分析过的关于韦勃先生的介绍词中，我们找不到一点迂腐的东西，如"它带给我们莫大的快乐"和"我十分荣幸地向各位介绍"等。宣布演讲者最好的方法是直接说出他的名字，或者在前面加上"我介绍"，说出他的姓名。

不少主持人都在介绍词上有乱说话的毛病。例如有的主持人把介绍词说得太长，听众听了一段时间就会感到烦躁不安了；有些主持人则纵情于那些幻想之中，原本想让听众和演讲者都记住自己，但却弄巧成拙。还有一些主持人则喜欢说低级趣味的笑话，根本算不上什么"幽默"，甚至因为贬低或者高捧了演讲者而被听众瞧不起。如果你希望自己的介绍词发挥效用，那么，你就要改掉以上这些毛病。

接下来我们陈述的这个例子，是紧紧遵从"题目——重要性——演讲者"公式的最好典范，而且，它有自己的个性。

我们来看看埃葛·L.思纳迪是怎样使用该公式的三个阶段介绍著名的科学家兼编辑——杰罗特·文德博士的。

今天，我们的演讲者要说的题目是"当代科学"，这是一个应该引起我们重视的题目。在说这个题目之前，我要提一个我曾经看到过的故事：

有一个精神病患者，他总是怀疑自己的身体里有只猫，心理医生实在无法找到例证来反驳他，只好先认可他的说法，然后假装为他做手术。当他的麻醉药效过了以后，医生拿来一只猫，告诉他这是从他的身体里取出来的，并对他说，他的身体已经康复了。没想到这位精神错乱的病人却说："对不起，医生，整天骚扰我的是一只黑猫啊！"

当代科学也是如此，原本，你想去抓一只名贵的猫，但却只抓到一群流浪小猫。古时候的炼金家，世界上第一个核物理学家，在他即将离开人世时，他还在苦苦哀求上帝能给他们多一天的时间，好让他们可以多发现一点宇宙的秘密。然而，现代的科学家，却制造了就连宇宙自己都梦想不到的秘密。

今天，我们请来的演讲者，他十分了解当代科学的现实和其将来的发展趋势。他曾是芝加哥大学的化学教授，宾夕法尼亚州立学院院长，俄亥俄州、哥伦比亚的巴德尔工业研究所所长。他出生于艾奥瓦州的德温波特，在哈佛大学获得学位。他在军工厂完成训练，也曾行游欧洲各地。他还曾以科学家的身份在政府部门担任要职，同时，他更是一位编辑和作家。他参与了好几门学科的教科书的编写工作，他最著名的一本书叫《未来世界的科学》，那是他担任纽约"世界博览会"科学部主任时出版的。另外，他还是《时代》《生活》《财富》以及《时局》等杂志的科学顾问，他关于科学新闻的评论被我们很多人熟知。

1945年，正是原子弹投掷于广岛10天之后。我们的讲演者出版了著名的《原子时代》，他常常挂在嘴上的口头禅是“最伟大的时代终将到来”。现在，我要骄傲地为大家介绍这位演讲者，我想诸位对他也早有耳闻，他就是《科学画报》的总编，杰罗特·文德博士。

一些介绍人在介绍词中常常说一些谄媚之词，在演讲者的脸上贴金子，过度的吹捧让站在旁边的演讲者不明就里、晕头转向。

但是，赞美之词太少，也并不明智。

史蒂芬·吕科克谈起了自己曾经是怎样被介绍的：

“这是今年冬季我们要做的一系列讲演的第一场。我们都知道，上一系列的演讲并不是很成功。不瞒各位，整个年底我们都是入不敷出的，所以，今年的时候，我们决定尝试一下新的方法和思路——请一些低廉的人才。容我介绍吕科克先生。”

想到这些，吕科克轻声地说：“原本兴致勃勃地想面对听众说话，但一想到被人贴了‘低廉人才’的标签，心里不免有尴尬和自卑，真不知那是什么样的滋味。”

充满热情

介绍人在介绍演讲者时，其态度跟说辞一样重要，你不必刻意告诉听众和演讲者你是多么的高兴，但你应该真心地表现出身心的愉快。假如你能酝酿自己的愉快情绪，在介绍即将结束或要达到高潮时说出演讲者的名字，那么，听众的期待就会随着你的语言而逐步增加，这也等于给了演讲者以鼓励，帮助他获得信心在演讲中全力以赴。

介绍人在介绍演讲者的姓名时，最好记住这些技巧——稍停、分隔和力量。“稍停”的意思是，在演讲者的名字呼之欲出时稍微停顿一下，让听众的期待值达到极限；“分隔”的意思是，在名字和姓氏之间稍停以示分开，让听众对演讲者的姓名有清晰的印象；“力量”的意思是，在最后将演讲者的名字说出来的时候应坚韧有力。

另外，有一点是需要提醒的，当你宣读完演讲者的名字时，你别把头转向他，而应该看着听众，当你说完最后一个音节时，再用你的眼神带领听众去认识这位演讲者。事实上，不少的介绍人，介绍词说得精美绝伦，但却在最后一刻功亏一篑，因为他在宣读演讲者名字的时候看向演讲者，让在座的听众陷入茫然之中。

态度诚恳

这一点是反复强调的，一定要满怀真诚，不能循规蹈矩，更不可说那些鄙俗的幽默或者贬抑的评论。如果不认真介绍演讲者，可能会引来误会，你以为你和演讲者很熟悉，讲一些笑话无所谓，但是听众未必，他们和演讲者并不熟悉，你的玩笑没有恶意，但却会引来误解。

准备颁奖词

作家麦乔丽·威尔森曾说过这样一句话：“我们已经证实，人类心灵最深挚的渴望是被认可——得到荣誉和赞扬。”这句话准确表达了人们内心深处的感受。我们都希望自己能与人和平共处，都希望被人称赞，在公开场合得到别人的嘉奖，一定更让你兴高采烈。

网球明星爱尔蒂·吉柏森，就把这份“人类心灵的渴望”极其恰当地用于自传的书名里。她称它为“我要做重要人物”。

我们在为别人写颁奖词时，是对接受者的价值的认定，我们要向他保证他确实是“重要人物”——在某方面，他的努力已经成功了，应该得到荣誉和嘉奖，今天，我们聚在一起就是为了见证他的荣誉。

我们所给出的颁奖词应该简短，是简明扼要、经过深思熟虑的。对于那些经常接受这样的荣誉的人来说，这段颁奖词可能并没有太大的意义，但是对于那些并不是很幸运的人来说，可能就是终生难忘了。

因此，我们在介绍获奖人的荣誉时，可以运用三种实际有效的方法。

（1）说明颁奖的原因。可以是竞赛取得成绩，或者是获得某项成就，再或者是长时间的服务。只说明原因即可。

（2）讲述获奖人的生活和言行，虽然通俗，但却是听众最感兴趣的部分。

（3）恭贺获奖人，并同时转达大家对他的祝福。

对于这样小型的演讲，最重要的一点还是要表露真诚，其重要性自不必再说。假如你被挑选出来为获奖人发表颁奖词，你此时就如同那位获奖人一样，觉得这是一份荣耀，因为大家知道，把这一重要的任务交给你，你是不会犯夸大其词的低级错误的。

在那种大家都高兴的时刻，我们是最容易夸大其词的，如果获奖人确实该值得获得这个奖，也不能添油加醋，听众的心里什么都清楚，也不想要你的强调。

我们还要避免夸大奖品的价值，应重在强调赠奖人的情谊。

答谢词更要表达真诚情感

相对于颁奖词来说，答谢词的篇幅应该更短，我们不要事先背诵它，不过有所准备倒是没有坏处的。当你被叫上台领奖时，也不会因为毫无准备而无法应答。否则，你可能只会说一些千篇一律的话了，诸如“感谢各位”，“一生中的大日子”或者“我经历的最美好的事情”等，话没有说错，但是却说得不好，也有夸张的嫌疑，所谓的“一生中的大日子”和“我经历的最美好的事情”，都太华而不实了。相对来说，用平缓的语气、中庸的态度来表达自己的谢意会更客观。接下来，是一些建议。

真诚地对听众表达谢意：“谢谢各位。”

归功于那些曾经帮助过你的人——你的同事、你的雇主、朋友或家人。

表达奖品对你的重大意义，假如它是被包装好的，你可以打开它、展示它。告诉听众奖品多么美观和对自己的用处有多大，并表明你将如何使用它。

再度真诚地表示感激，答谢结束。

在本节中，我们讨论的对象是三种特殊的演讲，介绍演讲者，发表颁奖词和答谢词，当你进入某个集体、组织或者俱乐部，再或者是工作中，你都有可能被邀请去做其中任何一种演讲。学习我们上面提到的一些忠告和建议，能让我们在正确的时刻说正确的话，还能让听众听得开心和舒爽。

第十二章 如何安排长时间演讲

任何一个人，在建造房屋前，如果他是理智的，他绝不会在毫无准备的情况下就动手。既然如此，为何你要在自己的目的都没有明确的情况下妄想开口演说呢?

我们要把任何一场演讲都看成有目的的旅程，必须要在事先绘一张行程图，如果你随便就从某个地方开始，那么，你的行程很有可能就在此处结束了。

可以说，我一直想把拿破仑曾经说过的一句话——“带兵打战是一门学问，运筹帷幄，才能决胜千里”漆成浅红色挂在培训教室的门口。

因为这一道理同样能放到演讲中来。一些演讲者明白这一点，一些演讲者不明白，但明白的演讲者是否曾付诸实践呢?对此，我们就不敢肯定了，但不少演讲者在演讲准备工作中花的时间绝对不会比烹煮一碗爱尔兰炖菜多。

那么，怎样的安排才是最好和最有效的呢?在没有对其进行分析和研究之前我是无法给出定论的。它永远是个新问题，是需要每个演讲人进行深层次探索和追寻的问题，我们不能给出规则性的答案，但是对于长时间演讲来说，有三个方面是绝对重要的：引起注意、正文和结论。这三个方面都来源于实践，我们可以根据自身情况随意发挥。

开场迅速吸引听众注意

林·哈罗德·胡是西北大学前校长，有一次，我曾向他咨询演讲中最重要的东西是什么。他思索片刻后回答："思考出一段能立即抓住听众注意力的开场白。"

除了开场白，结束语同样重要，林·哈罗德·胡先生演讲前都会进行周密的计划。几乎每一位有经验或者稍微有点常识的演讲者都认同这点。那么，怎样从一开始就让听众跟随我们的引导呢？接下来，我们给出了几点建议，只要你能巧妙运用，是能使你的开场白分外吸引人的。

建议一：从故事开始说起

闻名于世的新闻分析家、演讲家和电影制片人洛沃·托马斯在讲"阿拉伯的劳伦斯"时，他这样开始：

"一天，我行走于耶路撒冷的基督街上，忽然，我看到一位身着华丽的东方君主袍的男子，我看到他的身上侧挂着一把先知穆罕默德的传人所佩挂的黄金弯刀……"

他就是从自己的经验开始自己的演讲的，这便是他能抓住听众注意力的方法，这一招十分管用，几乎从来不会出现问题，因为故事是在不断往前发展的，听众的注意力也会紧随其后，因为他们想知道接下来会发生什么事。任何一个有经验的演讲者都知道，除了故事之外，再也找不到别的什么方法能有如此强大的吸引力量。

我自己也曾做过这样的开场白：

“在我大学刚毕业的那段时间，有天晚上，我在南加州菲农镇的一条街上独自一人闲散地走着。突然，我看见前面有个人站在箱子上讲话，我很好奇，便凑过去想看个究竟。当时我听到这个人这样说：‘不知道大家注意到没，你从未见过一个秃头的印第安人。或从未见过秃顶的女人，是不是？现在我来告诉你为什么……’”

这段话没有停滞，却没有层层铺垫，却能丝毫没有预兆地便把演说气氛炒热，可见，只要你能把握事情推进的方向，并巧妙引导，就能轻而易举地抓住听众的注意力。

演讲者只要从自己的亲身经历开始说起，就不会失败，因为这些演说词是不需要你煞费苦心地思考的，也不用灌输理念，你所说的都来自你生活的经验，是融入你的记忆中的，所以，在诉说时你只要是自信的，就能和听众之间建立起友好的关系。

建议二：制造悬念

下面我们引述的是鲍威尔·希利先生在费城的宾州运动俱乐部展开讲演的方法：

大概一个世纪前，大概也是这个时节，在伦敦的大街小巷，大家争相讨论一本小书，这本刚出版的小书是一段故事，它一出现，就注定了永垂不朽，不少人称它为“世界上最伟大的小书”。在它刚刚问世时，相熟的几个朋友在斯特兰德街或普尔玛尔街遇上时，都会随口问一句，“你读过它了吗？”回答千篇一律：“是的，上帝保佑，我读过了。”因为谁也不会错过它。

在它出版的第一天，它的销量就是1000本。两星期之内，它的销量就达到了15000本。从那以后，它被无数次地加印，被翻译成多种文字，在其他很多国家发行。就在几年前，J.摩根以我们难以想象的价格买下了这本书的原稿，现在，它正和很多其他无价之宝一样躺在摩根博物馆中。你是否知道这本畅销于全世界的小书叫什么？

听到这里，你是否也产生了极大的兴趣？是不是也想知道这本书的书名呢？是不是急切地想知道更多呢？你是不是觉得这段简短的开场白已经抓住了听众的注意力？这是为什么呢？因为听众的兴趣被激发了。

这就是好奇！上面提到的是什么书？正确的答案是《圣诞欢歌》，作者是查尔斯·狄更斯。

所以，我们可以说，制造悬念一定能引起听众的注意。我在讲授“快乐的窍门”一课时，也利用了这一方法，我是这样开场的：

1871年春天，一位医生捡到了一本书，他从书中仅仅看到了21个字，就对他的将来造成了深远的影响，从此他注定要成为一位举世瞩目的医生。这位医生名叫威廉·奥斯勒。

此处，让听众感到好奇的问题有很多。例如，这21个字都是些什么呢？这些字又是如何影响到他的将来的呢？这些问题会带领读者将文章继续读下去。

建议三：叙说一件很有吸引力的事

宾州州立学校婚姻顾问处处长克里夫特·R.亚当斯曾在《读者文摘》上发表了一篇名为《如何寻找生活伴侣》的文章，文章开头运用了一些令人震惊的数字，立即抓住了读者的注意力，让你想一探究竟。

现代社会，我们的青年从婚姻当中获得快乐的概率实在是太微小了。如果是1940年，六桩婚姻中会触礁的大概可能是一桩，但是到了1946年——短短的6年时间，四桩婚姻中就可能有一桩婚姻会触礁。按照这样的速度增长下去，到50年代就将是50%了。

接下来几个例子也是此类以“惊人的事件”开头的。

按照军事部门预测的，在原子战争的头一夜，在美国会有2000万人遇害。

几年前，斯嘉丽·霍华德报纸花费176000美元做了一项关于零售商店的哪一方面是顾客们所不喜欢的调查。到目前为止，这大概是做的范围最广、最科学、费用最昂贵的一项数字调查了，调查问卷被送往了16个城市的54047个家庭。这项调查中的一个问题就是：“你不喜欢本镇商店的什么地方？”

在这一问题的答案中，大概有40%的答案是一样的：店员粗鲁的态度！

震撼人心的开场白是迅速激起听众注意力的最好方法之一，自然而然地引起听众的共鸣。这种“震撼技巧”，就是利用出人意料的方法来达到引导听众注意讲演题材的效果。

在华盛顿，有一位女学生玛格·希尔就通过这种方法引发了听众的好奇心：“大约有整整10年的时间，我都是一名囚犯，我并不是待在真正的监狱内，而是处于自己所建造的总是忧虑自己不够好或者害怕批评的心灵监狱中。”

你难道不想多了解一些这样的真人真事吗?

用这种惊人的开头也要注意一些问题，那就是最好别太过戏剧化，防止弄巧成拙。曾经有个家伙居然在开讲前真的对天空放了一枪，他确实获得了注意，但是听众也被吓得不轻。

我们要注意，好的开场白一定是平易近人的，就好像是和听众在促膝而谈一样。对此，有个能检验你的开场白是不是真的平易近人的方法，那就是在餐桌上预演一次。

如果你的方式不够温和，大概就不能在餐桌上采用，这就说明你的演说不够亲切。

我们经常看到的是，本应在刚开始就激发听众兴趣的开场白却变得枯燥无味。有一位演说者是这样开始自己的演讲的：“要信赖上帝，并且相信你自己的能力……”这是一个说教式的开口，像开水煮白菜一样寡淡无味，再听听他后面的演说，开始有点意思了。他说：“1981年我母亲成了寡妇，身无分文，但却要养育三个孩子……”演讲人为什么不在刚开始就讲述他的母亲是如何将三个嗷嗷待哺的孩子养育成人的呢？

可见，你若想引起听众的兴趣，就不要等到绪论部分再开始，而应该在一开始就进入故事的核心部分。

富兰克林·贝杰就是这样做的，如果提到《我怎样在销售行业取得成功》一书，你可能会很熟悉。的确，他就是这本书的作者，我一直很佩服他，因为他能够在第一句话里便制造悬念，简直称得上是悬疑大师。

在美国青商会的赞助下，我们一起在全美各地进行巡回演讲，谈论关于销售的一些事宜。在提及“热心”这一话题时，他所用的开场方式让我赞叹不已，他一不讲道，二不训话，三不说教，四无概括的言论，一开口就直指问题的核心，他是这样开始自己的演讲的：“在我成为职业棒球选手后不久，我遇到一生中最让我震惊的一件事情。”

这样的开场方式有什么效果？当时我就在演讲现场，我目睹了听众在听到这样的话之后所做出的反应——大家睁大了眼睛，都急切地想知道他到底遇到了什么震惊的事，又是怎样处理的。

建议四：请求听众举手作答

这是一个很好的方法，能引起听众的注意和兴趣。例如，我曾经在谈到“如何避免疲劳”时，就运用了这一方法：“让我们来举手看看，在座的各位大概有多少是预感自己疲倦时就已经疲倦了？”

记住这一点：在请听众举手帮助我们做调查时，应先给听众一些提示，让他们知道你要这么做。不要一上来就劈头盖脸地问："你们当中有多少人认为所得税应该降低？让我们举手瞧瞧。"应该换成这样的表达方式："我想请各位举手回答一个对各位而言十分重要的问题。问题是这样的：'在你们当中有多少人相信货品赠券对消费者有好处？'"这样能让听众做好回答的心理准备。

请听众举手的技巧其实就是请听众参与到你的演说中来。一旦你使用了这一技巧，你的演说就不是你单个人的事情了，听众早已投身其中。当你问"各位当中有多少人是预感到疲倦就已经疲倦了"时，每个人都开始认真地把这一题目放置到自己身上，看看自己的情况到底是怎样的。他在获得肯定的答案后，就会举起手来，此时，他也会四下看看有谁是和自己一样举起手的，他会对自己旁边座位上的小姐或者先生报以微笑，顿时，原本冰冷的气氛就打破了，而身为演讲者的你此时也能轻松一点。

建议五：告诉听众他们如何做就能获得他们想要的结果

要抓住听众的注意力，一个屡试不爽的方式，就是告诉听众，如果他们按照你的建议去做的话，能获得什么好处或者可以获得他们想到的结果。下面是一些案例：

"我要告诉各位怎样防止疲劳，怎样让自己每天可以多一个小时的好精神状态。"

“我要告诉各位怎样从实质上提高收入。”

“如果各位听我讲10分钟，我答应各位一定会学到一个能让自己更受欢迎的方法。”

这种承诺式的开场白一定会引起听众的注意，因为它关系到每个听众的自我关注意识。然而，一些演讲者似乎总是忽略应将自己的演说题目与听众的兴趣联系起来，说一些无趣和无关紧要的开场白、啰唆地大谈背景，结果忘记了自己的本来目的。

演说题目对听众十分重要，开场白如何说呢？开场白是否设计得巧妙，直接关系到题材的吸引力。如果一开始，演讲者就背诵了一段长寿研究的历史，听众便觉得他的演讲寡然无味，但如果他能用承诺式开场白来构建自己的演说，情况肯定会大有改变：

你知道你还能活多久吗？根据保险公司所做的一项调查和统计，人的平均寿命大概是你目前年龄与80岁之间的2/3。举个简单的例子，假如现在的你年纪是35岁，你与80岁之间的距离是45年，再在这一数字上乘以2/3，也就是说，你最少可活30年……30年够吗？不，不，当然不够，谁不希望自己可以活得更久呢？然而，摆在我们面前的是经过仔细推敲的数字报告，我们能不能改变这一情况呢？当然是能的！只要你能做好预防，我们就可以办得到……

这样的开场白听起来是不是更有吸引力？的确，它让你不得不认真倾听演说，因为它不但提到了你，而且提到了你关心的健康和寿命的问题，所以这样的开场白听众是无法抵挡的。

建议六：使用展示物

想直截了当地吸引人们的注意力，最为简便的方法大概就是直接将某件东西举起来，让人们看到它，无论你的台下坐的是谁，土人、傻瓜、婴儿或者是猴子，再或者是一条小狗，他的注意力也会被你这一举动瞬间吸引。

即使你的听众都是严肃的，这一方法也能对他们起到作用。例如，费城的爱丽斯先生的一次演讲，刚开始时，他就用自己的拇指和食指握住一枚硬币，高高举起，举到高过肩膀的位置，在场的每一位听众都看着他。此时，他开始说："有没有人在人行道上捡过像这样的一枚硬币？它上面说，只要是捡过这种硬币的人，都是幸运的，因为你能在房地产开发上得到很多优惠政策，当然，前提是你要把这枚捡到的硬币交给主办的公司……"接下来，爱丽斯先生开始谴责这种行为，指出其是错误和不道德的。

我们上面分析过的几种方法都应该是被称赞的，它们能单独使用，也能结合在一起使用。总之，你要认识到自己的开场白是否讲得好对后面听众是否接受你的演讲内容起着决定性的作用。

防止不利因素的干扰

我们在前面强调要吸引听众的注意力，但此处，我们要强调的是，这样的注意力必须要是“有利的”，也就是有益于演讲的。任何明智的人都不会一开口就侮辱听众，或者口出恶言，否则会激怒听众，招来听众的骂声，更别说获得听众的认可了。然而，一些演讲者常常企图以下面两种方式吸引听众的注意力，这是十分不明智的。

不明智的方法一：以道歉开头

假如你在演说一开场就道歉，就别指望你的演说能获得满堂彩了。我们常常听到一些人谦虚地说自己未做准备或者能力不足等，千万别这样说，如果你真的未做准备，那你就不必登台，如果你做好准备了，那何必虚伪呢？听众也是精明的，他们知道你说的是真话还是假话，即便是没有发现，你又何必无故再引起他们的注意力？因为你这样说，无异于是在告诉他们，你是拿随手在火炉边捡起的资料应付他们，你认为满足他们不必做准备。所以，记住，听众根本不想听你的道歉，大家聚在一起，就是想听听你在某个问题上的看法和意见。

所以，开口的第一句话，你最好说一些能引发听众兴趣的话，记住，是第一句，不是第二句，更不是第三句！

不明智的方法二：以所谓的幽默故事开头

在这之前，我们已经提到过，有些演说者总是喜欢在开场白中加入所谓的幽默，这似乎是他们钟爱的。

某些演说者总是相信一些奇怪的理由，他们认为学习演说的人如果表现得不好笑是无法吸引听众的。原本他们的性格是严肃的、端正的，但一到演讲时刻，他就幻想着马克·吐温附身了，他就会马上以幽默故事来作为自己的开场白，尤其是在晚餐结束后的时间里，最终结果如何呢？幽默起到作用了吗？

实际上，他所讲的故事，只会造成和字典一样的沉闷，他的笑话也没有将听众的幽默细胞激发出来。

我们从不否认幽默感是每一位演讲者最为宝贵的财富之一，演讲开场要活泼有趣，你可以通过一些有趣的方法逗乐听众。例如机智地谈谈正在发生的一些事，或者对前几位演讲者做十分有趣的评论。要知道，你谈论这些可能比那些小猫、小狗等无趣的笑话更有效果。

也许，真正懂得制造幽默气氛的人，会懂得利用最简单有效的一种方法——拿自己开涮，把自己当作笑料的题材，将自己曾经做过的一些荒谬而尴尬的事和大家分享，这也许才是幽默的本质。

杰克·班尼使用这种技巧已有多年，他是在广播上最早“作弄”自己的电台主持人之一。杰克·班尼常开自己的玩笑，他笑自己的小提琴技艺、自己的小气和自己的年纪。他说话时亦庄亦谐、妙语连珠、幽默至极，在他“说话”的那些年，收听率一直稳居高台。

当演讲者能用幽默的方式拿自己开涮时，听众自然会向他们打开心扉；另外，如果总是表现出一副狂妄自大的模样，则会造成听众冷漠与排斥你的态度。

支持主题

在与听众互动的时间较长的演讲中，要点可能不止一个，但是还是要尽量简化，而且必须有据可依。在前面，我们已经分析和讨论过，故事能支持演讲重点，或者是谈论自己的生活经验，从而使听众按照我们的意见去做事，这种演说的方法很受欢迎，并且，我们能发现人类内心的一种基本倾向，就是“人人爱故事”。

一般演讲者喜欢使用事件或意外这样的例子，但我们却不能拿它作为支持论点的唯一方法，你可以使用的方法还有很多，如统计数字、依科学方式归纳的图例、权威专家的言论以及类比、演示等方法。

建议一：使用数据

数字能体现某种概况，因此具有说服力，我们可以将其作为证据，这是举单个的事例根本不能与之相提并论的。

史莱克预防小儿麻痹疫苗确实有效，就是通过来自全国各地的统计数字证实的。其中，也有一些无效的案例，但那只是例外，即便说出这一例外，也不能让父母们相信史莱克小儿麻痹疫苗不能保护自己的孩子。

我们还是要重申一点，数字本身是令人枯燥无味的，所以，演说者在使用这一方法时应该小心，最好给它润色一下，通过语言来使其鲜明生动。

这里，我们再举出一个例子，我们能从中看出把统计数据与我们所熟悉的事物放一起，就能收到增强印象的效果。

有一位主管，他在演讲中想表达纽约人很懒惰，人们常连接电话都不愿意，所以造成时间的浪费和损失。为了支持自己的论点，他这样演说：

调查报告显示，在几乎所有的来电中，他们在电话被拿起前耽搁了至少一分钟，每天浪费在这一方式的时间竟然有28万分钟，在这种方式之下，半年时间，在纽约市，市民们浪费的时间简直差不多与自哥伦布发现美洲以来的时间等同了。

如果只是用数字来论证，不会给人留下深刻印象，必须使用实例来加以佐证，在可能的情况下，再说说自己的经验会更有说服力。

我曾游览过水力发电站，一个导游所说的话给我留下很深的印象。原本，这位导游可以直接告诉我们这间房间的面积，只是一个数字而已！但是这样确实没什么说服力，所以，这位导游说，这个房间大得足够容纳一万人在球场上观赏球赛，剩下的面积还能再建几个网球场。

很多年前，在布鲁克林中区青年基督教协会的培训班里有个学员，他的一次演讲让人印象很深刻。

他在演讲中提到了在头一年的火灾中被毁的房屋数量，他并没有直接说出数字，而是告诉我们，假如将这些被毁的房屋并排放置的话，可从纽约一直排到芝加哥，再将那些在火灾中丧生的人，每0.5公里放置一个，便又可从芝加哥排回布鲁克林。

他所举出的虽然只是简单的数字，但是却震撼人心，恐怕你只要闭上演讲，就能想到那一长列燃烧中的建筑，长到可以由曼哈坦岛延伸至伊利诺伊州的库克县。

建议二：使用专家的语言

如果能在演讲中引述专家的语言，那么，你的话会更权威、更有说服力。不过，在这样做之前，你最好还是先问问自己下面的问题。

你所引述的内容是否正确无误？

你援引的这位专家是否是这一领域内的权威人物？如果你讨论经济学而引述约翰·路易的话，显然你只是侧重于他的名声，而并未真正考虑他的话是否真的适合。

你引述的专家知名度如何？是否被大家敬重？

你引述的内容是否是真实的材料，还是只是你的兴趣或者个人观点？

很多年以前，我在布鲁克林商会的一位学员，他在提到做事专业化的必要性时引用了一段很明智的材料——他以安德鲁·卡耐基作为开始。他的引述内容准确，并且他所借用的“专家”有足够的资格谈论成功之道，所以得到了听众的认可，他所引述的名言，一直在演讲界被人津津乐道。

接下来，让我们再次看看这段演讲词：

我坚信，任何一个行业，都有出色的人才，但要想成功，任何一个人要想成功，就必须要在那一行成为专家。我不认为全面出击是一个好的策略，从我的经验来看，即便真的有，我也很少看到有人真的能做到一心多用，在制造业仍能在赚钱方面成为人上人的，我更确定是没有的。任何能成功的人都是选定了一行，然后坚持到底的人。

建议三：使用类比

对于类比，我们从能韦氏字典里寻找其含义，指的是“两样事物之间相似的关系……不是事物表层的、本身的想象，而是存在于两个或者更多事物之间在性质、状况或者效能方面的相似性”。

运用类比法支撑论点是一个很好的演讲技巧，以下是吉拉德·戴维逊在任内政部助理秘书时所讲的题目为《需要更强的能量》的演讲摘录。我们在阅读时可以分析一下他是怎样运用类比来做比较的。

繁荣的经济如果不是继续往前迈进，就是陷入一片混乱之中，这就好比飞机一样，当它被搁置在地面上，大概就是一堆钢铁、螺钉、螺帽的组合，但是一旦它翱翔于天空之中时，它就如鱼得水一样，能发挥大的功能。为了要停留于高空之中，它就必须前进，不进则退，它就会下沉，当然，它是不能后退的。

下面我们要分析的大概是演讲史上最精妙的类比了。它来自林肯在艰难的南北战争期间对批评他的人做的回答：

诸位先生，我想让各位先和我一起做一番想象，假如你所有的财产都变成了金子，将它们交到了著名的走索家伯罗勒的手中，让他带上这一笔财富从绳索上走到尼亚加拉瀑布去。当他走在瀑布上时，你会不会用力摇晃绳索，或者是朝着他大喊："伯罗勒，再俯低些！走快些！"我想你肯定不会，你会和他一样凝神静气，大气都不敢出，直至他安全走过去。我们的政府现在所处的也是这样的情况，它也背负着极大的负担，它正在努力地越过正掀起惊涛骇浪的海洋。它的手上也握着数不尽的财宝，所以，请别打扰它！只需保持安静，它就能带着我们的财宝顺利跨过去。

建议四：使用演示

一家钢铁锅炉公司的主管们需要对代销商们讲解锅炉的燃料是从底部加进去的，而不是从顶部，那么，怎样解释清楚这一问题呢？他们想出了一个简单却很有用的展示方法。开口前，演讲人先点燃了一支蜡烛，然后说：

"大家看到了吗？这火焰是多么明亮——它蹿得多高。因为蜡烛的燃料都转化成了热能，而且它也不冒烟。

"我们不难看到，蜡烛的燃料是从蜡烛底部开始往上供应的，其实，我们的钢铁锅也是如此，是从底部添加燃料。”

“现在，我们来假设一下，这支蜡烛是从顶部供应燃料的，那就如我们曾经使用过的那种手拨的火炉一样。(说到此，演讲者将蜡烛倒置。)

“大家请看看火焰是怎样熄灭的，烟味是不是从现在开始变了？火焰也变红了？这是因为火焰不完全燃烧，燃料是来自顶部的，所以蜡烛熄灭了。”

亨利·罗宾逊先生为《你的生活》杂志写了一篇有趣的文章《律师怎样赢官司》。在这篇文章中，有一位名叫亚伯·胡莫的保险公司的律师。在接手公司的一起伤害诉讼时，他巧妙地运用了戏剧性的展示表演。

原告波士特先生说，他因为在电梯摔倒，从楼上滚到楼下，感觉肩膀严重受伤，现在都无法举起自己的右臂了。

胡莫表现出很关心的样子，说：“现在，波士特先生，请让陪审团看看，你大概能将手臂举到多高。”波士特按照他的话去做，十分小心地将手臂举到了耳边。谁知道，接下来，胡莫说：“现在再让我们看看，受伤前，你能把它举起多高？”胡莫明显是在怂恿他。“像这样高。”波士特说着马上伸直了手臂，把手臂举过超过肩膀的高度。

在我们希望得到听众互动的较长的演说中，可能会出现三个或者四个要点，如果我们照本宣科地叙述的话，很明显是枯燥乏味的，那么，怎样才能让这些论点表现得生动活泼呢？

那就是你用来支持论点的材料，它能让你的演说表现得妙趣横生。而利用实例、类比和演示，能清晰地展现出你要表达的论点，再借用统计数字和证词，能让事实展现得更有权威，并加强主要论点的重要性。

精彩的结尾

乔治·约翰逊是恩迪克特—约翰逊公司的总裁，同时是作家和人道主义者，有一次，我去采访他。

我们在一起闲聊，十分投缘，因为他是个知识渊博的人。让我诧异的是，他还是个了不起的演说家，他能让听众哭，还能瞬间让听众破涕为笑，更能让听众牢记他的话。

虽然身为一家大公司的总裁，但是他没有自己的办公室，他只是在工厂某个宽大的角落里办公。我们在交谈的时候，我发现他的神态里透露出来的是老木桌般的诚恳。

一看到我，他就起身欢迎说：“你来得正好，刚好我有件特别的事要做，我已经把今晚要和工人们讲话的结尾做了个简单的记录。”

“难道您习惯将脑子里的演讲从头到尾都规划好吗？”我问。

他继续回答说：“噢，不，我只是确定了一个总的想法，以及我想用来做结尾的特殊的方式而已。”

乔治·约翰逊并不是专业的演讲者，从未想过用什么精妙绝伦的表达方法，不过，从他的演说经验中，他倒是学到了演说成功的秘诀之一就是要有个精彩的结尾，他了解，在一场演说中，结尾可以算得上是最具战略意义的部分。要想让自己的演说达到余音绕梁的目的，就要让演讲内容合情合理地往前推进，最后逐步得出结论。

与约翰逊不同的是，对于初学演讲的人来说，他们往往在这一方面做得不尽如人意。要知道，当一个演说者马上结束自己的言论时，他在最后所说的那几句话，说得是否有力，将会影响到此次演讲的中心思想在听众脑海中的记忆是否长久。

那么，初学者最常犯的错误是什么呢?

首先，我们来看看那些初学者常用的结束语：“以上就是关于这个话题我要说的，演说到此结束。”表示感谢后走下演讲台。其实这种结束的方法只不过展现出你已经黔驴技穷了，是对你无能为力的欲盖弥彰，与其如此，还不如什么都不说，这样最起码还能让听众意犹未尽，而你所希望传达出来的对听众的号召，他们能自行判断出来。

另外，一些演说者在演说完主体部分内容后，不知道该如何结束演讲，对于这一问题，我们该向乔希·比利斯学习。他曾说：“假如你希望驾驭一头强壮的公牛，那么，你抓住它的牛角是没用的，而应该抓住公牛的尾巴。”同样，我们演讲也是如此。我们如何避免这一问题呢？最好的方式是提前规划好演说的结束语，当你面对听众时，你就可以聚精会神地说出来，而不是在承受着巨大的压力时考虑如何说。经验告诉我们，必须要在演说前，也就是内心平静的时候做这件事。

那么，怎样安排一个好的结束语呢？以下是几点建议。

建议一：总结你的观点

即便是只有5分钟的谈话时间，一般的演说者也会在自己没有意识到的情况下将范围覆盖得很广泛。到了结束的时候，他们的主要论点还是没有清楚地传达给听众，导致了听众对他主要想表达什么还是云里雾里。一般只有很少的演说者注意到了这个问题，大部分演说者都错误地认为，观点在他们的脑海中已经十分鲜明了，对听众来说也是同样清楚才对，但事实呢？当然不是如此，你所说的任何一句话对听众来说都是新鲜的，他们在事先并不和你一样经过了深思熟虑，所以，这些观点就好像你丢向他们的弹珠，有的可能真的丢到了听众身上，但是大部分还是掉在了地上。听众可能会“听到了一大堆的话，但是没有一句能真的记在心里”。

莎翁曾说过，听众能轻松记住演说者所说的很多东西，但通常来说都是没有条理的。爱尔兰一位政治家对此给出一剂良方：首先，让听众清楚你想传达的是什么；其次，让他们了解所有你想让他们知道的东西。这位政治家极力推崇一点：一定要重复论述你的主要论点。

接下来，我们谈到的是一个很好的例子，演说者是芝加哥一家铁路公司的部门主管：

“各位，总结起来，根据我们在自己内部操作这套信号系统得出的经验，也根据我们在东部、西部、北部使用这套信号系统的经验，我们得出的结论是，它操作简单、准确。另外，它在一年内能通过阻止撞车事件发生而节省下一大笔钱，所以我们迫切地建议：立即在我们的南方分公司采用这套信号系统。”

这里，这位主管只用几个简单的句子，就总结了整个演讲的全部重点内容。听众也能很清楚地把握其中的要点。

如果你也觉得如此总结十分有效的话，那不妨使用这一技巧吧。

建议二：请求听众采取行动

我们在上面讨论的那个演说的结尾，也是“请求听众采取行动”这样的演说结尾最好的例子。在上述演讲中，演讲者发出号召，希望听众能有所行动，也就是在他所服务的铁路公司的南部支线采用一套信号系统。他请求公司的决策人员能支持自己的观点并采取行动，他也将几点原因罗列出来：这套设备能为公司节约成本，能预防撞车事件的发生。这不是练习性的演讲，而是直接向铁路公司的董事会发出请求，当然，最后确实得到了铁路公司的支持。

在号召听众采取行动的演说中，在演说结束前的几分钟，演讲者要立即开口提出要求。例如，要听众去参加社会募捐、选举、购买、抵制等其他任何希望他们去做的事。当然，这也需要遵从几点原则。

提出的要求要明确。别说："请帮助红十字会。"这是含糊不清的请求，而应该说："今晚就请寄出一元入会费给本市史密斯街125号的美国红十字会吧。"

要求听众做能力之内的反应。别说："让我们投票反对'酗酒者'。"这不可能办得到，眼下我们并未对"酗酒者"进行投票。不过，你可以请求听众参加戒酒会，或捐助为禁酒奋斗的组织。

你的号召要让听众越容易实现越好。不要对你的听众说："请写信给你的参议员投票反对这项法案。"绝大部分的听众是不会这么做的，原因多种多样，要么是他们不会有如此强烈的兴趣，要么是他们觉得麻烦，要么是他们根本就不记得。因此，你的请求要让听众听起来觉得简单易行才可以。怎么做呢？自己写封信给参议员，在上面附上："我们联名敦请您投票反对第74321号法案。"再把你的信和笔在听众之间传递，这样你或许会获得许多人的签名，进而得到他们的支持。

第十三章 学以致用

在我们第14期培训课的课堂上，我通常会听到学员们描述自己如何将学到的语言技巧运用于生活中：销售人员因为提高了说话能力而使得业绩大大提升；经理们说公司的业务蒸蒸日上，主管们说自己的协调管理能力增强了不少……而这一切，都归功于他们在决策和解决问题时，将语言艺术运用其中。

在《今日演讲》杂志上，理查·迪勒曾发表了这样的言论："说话、说话的形态、说话的次数以及说话的气氛……是商业沟通系统中保持活力的源头。"在这本杂志上，还刊登过通用汽车公司戴尔·卡耐基课程培训的负责人弗莱德·康纳德的话："我们之所以保持如此高的热情在通用公司从事演讲培训的工作，主要是因为，我认识到，公司的每一位管理者从某种程度上来说都算得上是一名教员，从将一名员工招聘进公司，对他们进行训练，再到工作的分配和日后的升迁，都需要管理者不断地讲解、说明、申斥、建议、指示、批评，和上级以及自己部门中的每个人进行交流和讨论。"

我们再回过头来想想我们在之前讨论的种种成功的演讲技巧，即便是将其运用到日常生活的语言活动中，如参加会议和控制会议，也是同样有效的，它能帮助我们掌握会议进程。

演讲时，如何思考、如何表达、如何遣词造句、如何融人演说，都是决定你的思想能否在演讲最后的阶段顺利传达给听众的先决条件。这些技巧我们在之前的篇幅中进行了详细的讨论和分析，至于以后的事情就要看读者朋友们如何实践了。

可能你会想，我该何时开始运用这些技巧呢？对此，我们给出的答案是：立刻。你也许会感到吃惊。

可能到现在为止，你还从未计划要做一场公开的演讲，但是我们也强调了几次，我们在前面所提到的各种技巧，同样也是能运用到日常生活中的，我们这里说的“立刻”的意思就是你在说下一句话时就可以使用这些技巧。

如果你能静下心来对自己每天所说的话进行分析，你会发现它与我们在前面讨论的正式沟通十分相似。

在本书的前三章里，我们分析过，在我们当众说话时，一定要搞清楚自己要达到何种目标，你是希望发出某种通告，还是希望听众给予行动，抑或只是愉悦听众的心情呢？

在公开演讲时，无论是我们的演说内容还是演说的态度，都应该尽量使自己的目的变得清楚。而在日常的讲话中，我们发现，这些目的不那么明显或者是游离不定的，也许刚才你还和朋友闲聊，突然间又尽情展现自己的口才，以此推销你的某个产品了，过一分钟，话题又转移到要我们父母帮助孩子理财了。这种情形十分普遍，如果能将我们前面所讲述的各种技巧应用其中，就能更有效地表明自己的意图，也能更成功地说服他人、最终达到自己的目的。

在日常交流和沟通中加以运用

在前文中，我们建议大家在演说中可以加入一些细节，让演说更形象生动。这一技巧不仅适用于当众说话，在日常的沟通中也很重要。你可以仔细研究下那些你熟知的幽默家，他们是不是都具备让语言变得更形象生动的本领呢？是不是因为加入了一些细节而让谈话变得更富有戏剧性呢？

我们需要明白，培养任何语言技巧，第一步都是要有自信。

这一点，我们在本书开篇的时候已经提过。自信心能给你一种安全感，能让你敢于与人说话和相处，能让你在非正式的场合发表自己的看法。一旦你乐于阐明自己的思想，你会密切注意周围的一切，你的视野就开阔了，你可以从中获取经验，将其当成新的语言材料。

如果你的思想充满了热情，即便是一些很小的场合，你也会在头脑中搜寻到经验来证明自己。

对于一些家庭主妇而言，通常她们的圈子比较窄，但自从学习了我们的语言技巧并将其运用到日常的聊天中后，她们就会兴奋地表达自己的感受："我发现自己好像重新获得了一种力量——自信，我现在有足够的勇气在社交场合站起来说话了。"这是哈特太太参加了在辛辛那提的演讲培训班后对她的同学袒露的心声："我对时事产生了浓厚的兴趣，不再害怕参加聚会，我开始喜欢参加新的社会活动，也敢于将自己的人生经验告诉别人。"

对于我来说，哈特太太的这些变化早已“见怪不怪”了，她们一旦体验了“运用所学”带来的好处后，她们的行为就会被刺激，接下来，一连串的行动也就会产生，她们的个性也因此变得活泼和开朗起来，一切都开始进入良性循环的状态。就像哈特太太所说的那样，只要把本书中提到的技巧都付诸实践，你就能看到自己的变化。

我们中间的大多数人并不是某专业内的老师，但是我们运用语言的情况却经常出现。例如，父母教训子女，园艺师教授其他人修剪花草的新方法，旅客们集中在一起会对最佳的旅程路线进行商讨。这都是需要说话的场合，此时，人们需要一种清晰、连贯的思考方法和强有力的表达方式。我们在第8章所阐述的通告式演讲技巧，也适用于这些场合。

在工作中加以运用

我们在工作中需要与人交流和沟通。接下来我们就对此进行一些简单的讨论，无论你从事何种职业，如销售人员、教师、经理、护士、医生、总裁、牧师等，我们每个人都在承担着某种责任，都有义务对一些事情进行专业性的解说，以及给予他人专业性的指导。

是否能以清晰、明朗的语言来表达清楚我们的意思，是我们的上级领导判断我们能力的重要标准。从事解释性演说工作的训练，能让我们尽快地掌握快速思考和组织语言的能力，除了正式场合的说话，我们在任何情况下都能使用这种能力。不管你是在日常生活中还是公开的演说中，只要你将本书中阐述的技巧加以实践和运用，你都能如鱼得水。

主动寻找一些当众发表言论的机会

在日常交流中，如果你能使用我们提到的一些语言技巧，你会有很多意想不到的收获，因此，你应该努力珍惜每一个能在众人面前说话的机会。如何才能做到这一点呢？

最简单的方法就是你去加入一个俱乐部，俱乐部中，有很多练习当众说话的机会，你可以变得活跃点，多去处理一些俱乐部内部的事务，要知道，这些工作都是需要与人沟通和交流的。

另外，你还可以试着做节目主持人，你会有很多的访问优秀演说家的机会，并担任介绍他们的任务。

一开始，你可以做一个二三十分钟的演说，并充分运用本书中提到的建议，尽量让俱乐部的每一个人都知道你准备对他们进行演说。

你还可以作为志愿者为基金会做宣传，为了获得更好的效果，他们会告诉你一些演讲的秘诀，这对提高你的演说能力很有帮助。

事实上，不少出色的演说家就是这样一步步走向成功的，我们可以看看山姆·卢文森的经历，他现在是广播、电视明星，以及众人仰慕的演讲家。

在这之前，他在纽约的一所中学任教，那时候他已经热衷于就自己熟悉的一些人和事进行简短的演说，但连他自己也未曾预料到，他的讲话引起了强烈的反响。不久之后，他就被邀请参加公众演说，后来又成为很多广播节目的特约嘉宾，最后，他更是放弃了教师的工作进入娱乐圈。

坚持到底

我们学习任何新的技能，无论是语言、球技还是当众演说，这个过程都不可能是直线进步的，更有可能是曲线形的，在经过一段时间的进步后，很有可能会止步不前，甚至是下滑。这一点，心理学家称之为“学习曲线中的高原地带”。

那些学习如何提高自己演说能力的人，同样会因为“学习曲线中的高原地带”而受阻，所消耗的时间因人而异，一些人可能持续几周，一些人可能要经历数月。在这样的情况下，一些意志力不足者因为看不到自己的进步而最终放弃，而那些有勇气的、意志坚定的人则会坚持不懈，他们会比平时更加努力地练习，因为熬过了这一段后，他们将进入一个新的境界，他们突然变得充满力量和信心，说话能力也一日千里。

也许你也如前面章节中提到的那样，最初当众说话时，你会感到紧张、恐惧，即便是那些经历过无数次当众演说的音乐家或者演说家，他们也会有相同的感觉。著名音乐家帕德列夫斯基每次一坐在观众面前，总是会紧张地摸弄着袖口。一旦他的双手开始弹奏，他所有的紧张和不安就如八月阳光里的迷雾，一下子就不见了。

你也会经历同样的事情，但只要你能坚持下来，不需要太多的时间，许多问题，包括刚开始时的种种恐惧，都会一扫而光。一旦你开始演说，你就能逐渐控制自己的情绪，信心十足地将你要说的话说下去。

有一次，一位希望学习法律并有所建树的人给林肯写信，他希望得到一些帮助。林肯给他的回信是这样写的："如果你已下定决心想成为一名律师，事情已成功了一半……但你始终不能忘记，必胜的决心是成就一切事情的基础。"

林肯这样说是有道理的，他是一个过来人，在他的一生中，所接受的正规的学校教育的时间，加在一起也没有一年。

然而，对于读书，林肯从未停止过，他曾经步行了50英里去借书读！他有个自己的小木屋，在木屋内，总是燃烧着柴火，他在燃烧的柴火的光亮下，一读就是一整晚。小木屋的木头间有裂缝，夜里睡觉前，林肯会把自己要读的书塞进那里，早上天一亮，他就能看到，然后从床上爬起来，借着清晨的光亮如饥似渴地阅读。

林肯一直在学习演讲，有时候，他会步行二三十英里去听人演讲，回来以后，他就到处练习——在田间，在树林里，在街上人群聚集的地方，后来，他加入了春田的辩论学会，针对当时的时政问题进行演说练习。然而，在异性面前，他却十分害羞，在追求玛丽时，他什么甜言蜜语都不会说，只是静静地坐在走廊上看她表演。就是这个人，勤奋读书，努力练习演讲，致力于将自己打造成一位优秀的演讲家。后来，他在与当时最杰出的雄辩家道格拉斯参议员辩论时胜出；也就是这个人，在葛底斯堡，在第二次总统就职演讲中进行了空前绝后的演说。

面对曾经辛酸的奋斗经历，林肯说："如果你已下定决心想成为一名律师，事情已经成功了一半……"为何我们做不到呢？

罗斯福总统将林肯的画像挂在了白宫总统办公室墙上，一次，他说："每当我要做出决定，尤其是我遇到一些难以处理的事情，如一些利益冲突的情况，我都会抬头看看林肯的画像，我都会假想一下如果林肯也遇到了这样的情况该怎么做，也许你会认为这不可思议，但对于我来说确实起到作用了，我一下子豁然开朗了。"

那么，为何我们不尝试一下罗斯福的方法呢？当你因为受挫而想要放弃成为一个优秀的演说者时，你为何不问问自己，假如林肯也遇到了这样的情况会怎么做呢？其实你是知道答案的。在竞选参议院席位败于道格拉斯之手以后，林肯依然态度殷切地对他的拥护者们说："就算失败了一百次，也不可以放弃。"

获取成功以自勉

下面，我们引用威廉·詹姆斯教授的一番话，希望大家每天清晨都能读一读：

“年轻人，千万不要认为自己没有受过多少正规的教育就感到自卑，只要你每天都踏实地工作者，每天都处于自我充实的忙碌之中，你就可以自信地期待，那时你会发现自己已经是一位杰出的人才了。”

在演讲能力的训练上也是如此，只要我们有毅力、坚持不懈用心练下去，你就可以满怀信心地等待在一个美好的早晨醒来时，自己已经是当地著名的演讲家了。

这句话听起来是不是有点虚幻？但却是真理。当然，也有可能出现一些意外。例如，那些本来就心理极度自卑、性情不稳定、毫无人生经历可言的人，自然不能奢望自己有朝一日成为当地的丹尼尔·韦伯。不过我们这里说的论断是符合一般情况的。

还有一例：

斯多克是前新泽西州州长，他曾参加过我们培训班举办的一次毕业晚宴。

宴会结束后，他评论说，他在毕业晚宴所听到的演讲完全不输自己在华盛顿的参、众两院所听到的演讲。而这些被高度评价的所谓的“演说者”，在几个月之前还十分紧张、一说话就舌头打结，在听众面前畏畏缩缩呢。他们是大街上随处可见的新泽西的商人，而不是古代的西塞罗。但同样，某天早上，他们醒来却发现自己成为美国大街小巷人们津津乐道的大演说家了。

曾有不少人，他们努力向上、认真练习，一心想到获得充分的自信，使自己能够在众人面前侃侃而谈。成功者之列，极少数是天赋极高的人，而大部分都是普通人，只不过他们用自己的秘诀——坚持不懈最终赢得成功。那些天赋异禀的人，如果倚仗自身的特殊才能，而生活怠惰、意志力薄弱，或者名利心太重，最终也会变得庸庸碌碌。相反，即便是普通人，只要有胆量和目的以及意志力，即使走到人生道路的尽头，也同样能爬到事业的顶峰。

不得不说，这一点似乎更符合人性，而且在每个行业都能看到。美国石油大王老约翰·洛克菲勒曾说过，商业成功的第一要诀是耐心和坚信自己必然成功的信念。这一要诀同样适用于说话技巧的训练上。

有一次，我来到奥地利境内的阿尔卑斯山，试图攀登一处名叫凯瑟的山峰。在这之前，我在《贝得克旅行指南》中看到，攀登该峰的难度很大，作为登山者必须要配有向导。当时我和我的朋友并不是专业的登山运动员，也没有向导。

有人问我们是否会成功，我给了他一个很坚定的回答：“当然！”

“为什么你们会这样认为？”那位朋友继续追问。

“因为我们看到其他人在没有向导的情况下取得了成功。最重要的是，我做事情从来不会想到失败。”我如此回答。

的确，做任何事情都应该保持信心，无论是征服珠穆朗玛峰还是演讲都是如此。你是否能取得成功以及你成功的程度都来自你在演讲前所做的思考，现在，你可以假想一下自己正滔滔不绝地站在听众面前演说，而听众已经被你出色的演说能力折服。总之，你要相信自己会成功，并且要把它当成一种信念，只有这样，你才能愉快地去做你人生道路上的每件事。

南北战争期间，海军上将都庞列举了一大堆无懈可击的理由，用来说明自己为何未能作战成功——未能率领战舰开入查尔斯港。当时，法拉格上将在专心致志地倾听着他说话，等他说完，法拉格上将平静地对他说："还有一个理由你没有提到。"

"什么理由！"都庞上将一脸疑问。

"你不相信自己办得到。"

在我们的训练班中，很多学员不但学到了说话的技能，更获得最宝贵的东西——信心，因为在任何人的一生中，再也没有什么比自信更能影响一个人的成功了。

爱默生曾这样写道："无热忱，何谈伟大。"这句话应该被我们每个人当成人生的座右铭。

威廉·莱昂·费尔普斯可能是有史以来耶鲁大学最受爱戴和欢迎的教授之一。在他的《教书热》一书中，有这样的一段话："对我而言，教书是我最热爱的职业，它带给的快乐是其他职业给不了的，我热爱教书，就像画家爱画，歌手爱唱，诗人爱写一样。每天清晨我在起来之前，总是十分热切地想着我那一群青春活泼的学生。”

任何一个人，如果他能对自己的职业满怀热情，对自己的付出心甘情愿，那么，他能取得成功一点也不奇怪。费尔普斯教授之所以能对学生产生如此大的影响力，最为根本的原因还是他在教学的过程中投入了全部的热情、关爱和热忱。

假如我们能将这样的热忱运用到演讲的自我训练过程中，就会发现，阻碍在你眼前的所有问题都会消失。对于任何人来说，将所有的热忱放到与他人沟通的训练上确实是一项挑战。你可以想象一下你身上散发出来的迷人的魅力、震撼他人的威力以及能打动人的情感力，你就会发现，你不但会获得表达能力的提升，你在其他方面的能力也得到了提高，你也因此走入生活和事业的更高境界。

在致卡耐基教程的教师们的教学手册中，有我写的这样一段话：

一旦学员们能学会如何掌控听众的注意力，赢取教师和同学们的鼓励，那么，他就真的成为演讲人了。因为此时，他的内心已经有了信心，这将会为他们带来新的人生旅程，因为他们会有信心和勇气去做以前不敢做的事，在公共场合也不再害怕开口说话，他们渴望活跃于各种场合和社交活动，并能开始独当一面。

在本书中，我们曾多次提到“领导能力”一词，而清晰、有力、强劲的表达方式，正是领导能力的三个特点，其中，强劲的表达，无论是私人场合的谈话还是公共场合的演说，都是最主要的内容。假如你也能使用我们提到的各种技巧，那么，你也一定能在家庭、社会、工作、民间组织中获得良好的表现。

附 录

戴尔·卡耐基的成功之道

洛维·汤姆士

去年冬天的一个晚上，屋外寒风袭袭。在纽约的一家名叫“宾夕法尼亚饭店”的舞厅里，依然人满为患——足足有2500个人挤在里面，到了7点半的时候，大厅内已经被围得水泄不通，但是依然还有人往里面涌。其实，大家已经奔波劳累了一天，为什么在下班后还要不辞劳苦地站在这里呢？

是不是要进行一场大型的明星秀或是时装表演？

都不是，因为他们是在纽约最大的报纸之一——这不是什么小报，而是纽约最权威、最主流媒体之一的《太阳报》上看到了一则特别吸睛的广告：

你想提高收入吗？

你想学会如何更有效地说话吗？

你想获得领袖资格与气质吗？

也许你不相信，但这是千真万确的事实。在最繁华的纽约，尽管经济不景气，甚至还有一些人要靠救济金才能维持生存，仍然有2500个人被广告吸引，在寒风凛冽的夜晚前来听演讲。

今天的主讲人就是戴尔·卡耐基，主题是“有效力的讲话以及在事业上影响他人的方法”，主办方是戴尔·卡耐基研究会以及人际关系讲习会。

那么，这2500名男男女女为什么要来听这样的演讲？难道是经济不景气导致人们的求知欲在增强？

当然不是，要知道，在纽约每年都有这样的演讲，并且，已经进行了24年。在这24年内，已经多达15000名商界和工商业人士接受过戴尔·卡耐基的培训，甚至在很多保守的机构，如马克意尔出版公司、白罗克联合煤气公司、白罗克商会、美国电气工程师协会，它们从自身公司利益和员工发展的角度出发，也在公司内部进行这样的培训课程。

要知道，这些企业的员工已经接受了十几二十年甚至更久的学校教育，但还是来接受这样的专业培训，从这一方面看，不能说明我们的教育体制存在严重的弊端吗？

他们最为关心和想学习的东西到底是什么？针对这点，美国成人教育协会和联合青年会学校，曾花费高达25万美元，做了一次深刻的社会调查。

调查结果显示，作为成年人，他们最为关心的问题首先是自己的健康，其次是如何更快地掌握处理人际关系的技巧。是否会成为演说家倒并不是他们最为关心的，他们更不想听那些不切实际的心理问题，而是想听那些建立在实用基础上的，对于他们的事业、家庭乃至人生最为有效的建议。

对于成年人关心和迫切想要学习的问题，正如负责此次调研的主管所说的那样："不错，我们正是想给人们提供这样的一个学习知识的机会。”

当他们四处寻找这样一本介绍这方面知识的书时，却根本找不到，因为在这之前，没有人撰写过能够帮助人们解决人际关系中的问题的书籍。

人类文明源远流长，我们的文字和语言发展至今，各国文字被人们学习，并且形成诸多著作，但是那些著作似乎并不受人们欢迎，人们想要找的是从实际出发能改善他们人际关系的书籍，但却一直没找到。

到此，我们就找到了那2500人冒着严寒来到“宾夕法尼亚饭店”的原因，因为这里有他们真正想要了解和学习的知识。

他们也曾接受正规的学校教育，并且看过很多书，但他们对过去所学到的知识太失望了，因为这些知识根本不能解决他们当下遇到的苦恼。他们也发现，那些在事业上成功的人，他们获得的知识也并不是书本上的，那些成功人士善于言谈，能影响和左右他人的思想与行为，也更有领导能力。他们甚至还发现，如果你想成为一名企业高管，那么，你的交流能力和领导能力远比死记硬背那些拉丁文或者获得一张高等学府的文凭重要多了。

前面，我们所说的《太阳报》刊登这次演讲的广告就明确表示，只要人们来参加这次演讲，就会发现人生“极有意义”。

在这次演讲中，有15位曾经接受过课程培训的人士被邀请上台，主持人给他们180秒的时间用来讲述自己的经历，只有180秒，一旦时间到了，主持人就会敲响一记重锤说：“时间到，下一位。”

整个演讲富有激情，场面十分热烈，在场的听众听得津津乐道。

这些被邀请上台的曾经的学员，有连锁店的高级职员、面包店老板、商会会长、银行家、卡车推销员、保险推销员、工会秘书、会计师、建筑师、牙医、酒水推销员、教会执行人、药剂师，这些人几乎涵盖了美国的大部分行业，一些人远道而来，只是为了进行一个简短的3分钟演说。

第一位被邀请上台的人叫“奥海亚”，他的故乡在爱尔兰，接受4年的学校教育后就来到美国，一开始是一名机械工，后来成为一名卡车推销员，这是因为在他步入中年后，家里的经济压力大了很多，他不得不转行。

奥海亚一度很自卑，正如他在他的3分钟演讲中所说的那样，他去拜访客户，结果在办公室外面踱步很久而不敢敲门进去，所以，卡车推销员这份工作对于他来说简直是无趣极了，他很想回去再做机械工，但是此时，他突然收到了一封邀请他去参加卡耐基有效力的讲话课程的研究会的信。

收到信后，他并没有打算去，因为他知道与会的都是一些大学毕业的人，与他们交流，他会更加自卑，但是他的妻子一直鼓励他参加，认为也许对他有帮助。他听从了妻子的建议，但到了集会的地方，奥海亚还是没有信心，在人行道上徘徊了5分钟才走进去。

在一开始的学习和试讲时，奥海亚紧张得说不出话来，但在进行了几次的训练后，他已经能消除自己的恐惧心理了，这也只是花了周的时间，并且，他发现自己愈发爱上了演讲，这对他的工作产生了莫大的帮助，他不但敢于与客户沟通，更善于巧妙将卡车推销出去，他的收入增加了，人也更加自信了。现在，我们想象不到的是，他已经成为整个纽约的“明星推销员”之一。

在此次被邀请进行3分钟演讲时，他无比激动且热情地讲述了自己的经历，台下的听众也被他的情绪和故事感染，当他讲完，有些人甚至已经热泪盈眶……在这些听众眼里，他的演说比那些职业演说家还精彩。

接下来上台的是一位老银行家，他叫梅雅，他有11个孩子。

他第一次参加培训班的时候，发现自己头脑空白，根本说不出话。现在，他已经拥有了出色的演讲口才，这些给他的生活和工作带来了翻天覆地的变化。他向在场的所有人证明，只有拥有与人沟通与交流的技能，才能成一名优秀的领导者。

现在的梅雅在华尔街工作，而在过去的25年里，他一直在新泽西州克里夫顿生活，很长时间内他几乎没有社交活动，相识的人寥寥无几。

自从参加了卡耐基的培训课程后，他的人生从此与众不同了。梅雅在3分钟演讲中回忆了自己的一段经历。

一次，他收到报税账单，他发现，账单里有个明显的错误，这让他很气愤，若放在以前，他最多会生生闷气，向邻居发发牢骚，但那天他穿戴整齐地出了门，决定为自己的权益好好争取一番。他来到了镇里集会的地方，在大众面前直接说出了报税账单上不合理的地方，将自己内心的愤怒表达了出来。

正是这样一次愤怒的演讲，让梅雅成为镇上大家所熟悉的“名人”，人们都劝说让他去参加镇上的参议院，他接纳了人们的建议，连续几个星期在公共场合发表演说，指出镇政府在某些决策上的失误。

与梅雅一起竞选的有96个人，当最终的选举结果公布时，梅雅自己都吃了一惊，因为他的票数第一，就在这一天，他成为这一拥有4万人口小镇的名人。只是几个星期的演讲，他认识的朋友竟达到了过去25年认识的人的80倍以上，从政之后的他，收入也比以前增加了10倍。

第三位上台进行3分钟演讲的是全美食品制造公司的会长，他也讲述了自己的经历。

参加了卡耐基的培训课程后，在他身上，发生了两件事：第一件事是在这不久后他就被任命为该公司的会长；第二件事是他在任职会长职位后，被邀请参加美国食品协会的集会并发表演说，而且演讲摘要还被美国几家重要报纸和期刊发表。

参加演讲培训给他的工作带来了翻天覆地的变化，两年后，他为公司做的免费宣传的效果，比之前花了25万美元宣传的效果都要好。并且，以前给曼哈顿商业界的代表打电话，他会紧张局促，但现在，自从他掌握演说的技能后，那些人主动邀请与他共进午餐，反而觉得耽误了他的时间而一直道歉。

所以，我们可以说，提升自己的演说口才，能让你快速成为名人，让你迅速获得成功，让你走进大众视野，被大众接纳，博得大众的好感，要知道，这是凭借你在其他书本上所学的知识达不到的效果。

我们发现，在如今的美国，成人教育之风盛行，本书的作者戴尔·卡耐基是在此项运动中获得最强大力量的人，要知道，他曾倾听和点评了十多万人的演讲，如果你对这一数字没有概念的话，那么，我们来对这一数字进行形象的比喻——如果从哥伦布发现新大陆的日子开始算起，一直到今天，那么，他每天都要听一场演讲。再来做个比喻，那些曾在卡耐基眼前做过演讲的人，每个人只讲3分钟，那么，他必须要用整整一年时间才能将这些演讲听完。

卡耐基的事业是成功的，也是充满艰辛和挫折的。

卡耐基出生在密苏里州的一个乡村，那是一个距铁路10英里远的地方。他12岁以前，他没有看见过电车，而现在，他已经46岁，在世界各地参加演讲，从中国香港到哈墨菲斯特，有次他的演说还差点到了最北的北极。

在卡耐基小的时候，为了挣到微薄的薪水，他捡过杨梅、割过野草，还在南达科州西部放牛，现在的他在各大培训公司做演讲，参加各种各样的研讨会，薪水从从前的一小时5美分到现在的每分钟1美元甚至更多。

年轻时候的卡耐基吃尽了苦头，就是希望得到良好的教育。他曾在密苏里州西北部的农场里工作，一次，河水湍急，农田被淹没，稻谷被冲走，他的船也被冲走了。同时，畜瘟泛滥，猪死了，牛也卖不掉，肉制品价格上不去，祸不单行，他们的家也要被银行收走。

生活的一连串打击让卡耐基一病不起。他和家人们商量卖掉了家里的土地，在密苏里华伦斯州立师范学院附近另外买了一个农场。当时，卡耐基已经上学，每天只需要1美元就能获得食物和住宿的地方，但即使这1美元，卡耐基也没有，所以他每天只能骑马往返于乡下的家和学校之间，路途有3英里。

在家时，他什么农活都做，砍柴、喂猪、挤牛奶，但是他没有停止过学习，每天晚上，他点着煤油灯，在微弱的光下看书、学习拉丁文。

他经常学习到半夜，但是凌晨3点必须起来，因为家里有一头小猪，这头猪品种优良，需要精心照顾，那个时候天寒地冻，小猪经受不了寒冷，随时会被冻死，所以，卡耐基将小猪放到有取暖设备的地方，并给自己定个闹钟，凌晨3点的时候起来给小猪喂热的猪食。那个寒冷的冬天，卡耐基天天如此，从未间歇。

因为没钱住校，卡耐基只能骑马上学，这没有什么，只是没有一套像样的骑马服，让他感到自卑。同时，他告诉自己，一定要成功，一定要实现自我价值，他发现，在学校里，一些同学在很多方面有特殊待遇，如足球、辩论会、演讲赛等。

他深知，自己在运动方面天赋不足，所以他决定将精力放到演讲比赛上，他第一次演说的题目是“制止日本的必要”，为了能赢得比赛，他做了很多的准备工作，进行了长达几个月的艰苦训练，回家的路上、干活的路上，他都大声练习。

即使如此，他还是一次又一次失败了，这让他失去了勇气和信心，他甚至想到了自杀，但是熬过了那一段时间后，一切都在慢慢好转，他开始在演讲比赛中获胜，在学校受到大家的欢迎。

他还会指导其他的同学，自己的演讲水平也在逐步提升。

从学校毕业后，他开始将他的函授课程出售给尼白雷斯加西部以及华敏东部沙山里从事农业和放牧业的人们。在这件事上，他做出了很大的努力，但还是没有任何效果，他失望又痛苦。一次，在当地的一家小旅馆里，他哭了，他回想当初的读书时光，他多么想继续求学，现在的生活太难了，但是他告诉自己，绝不能放弃，他决心到奥玛哈寻找别的工作，然而，就连一张车票钱他都拿不出，无奈，他只好搭乘别人的马车，代价是他要为拉车的马喂食。

当他到达南部时，他找到了一份工作——在柯达脱西南部贩卖咸肉、肥皂和动物油，这是印第安人村部间的畜牧地，他乘坐各种交通工具在这一片区往来。到了晚上，他只能寻找那些简陋又便宜的小旅馆住宿。

为了做好推销工作，他开始认真阅读这方面的书籍，他还学习与当地的土著人玩纸牌游戏，以及如何收账。如果有人无法支付从他手上购买的咸肉或者火腿的货款时，他就交给他一打鞋子，让他们帮忙卖给在铁道上工作的人，以此来抵销欠款。

那个时候的卡耐基每天至少要搭车奔波100英里，在火车停下来卸货的间歇片刻，他还会抽空到镇上去做生意，一般会找到三四个向其订货的商人，每当火车启动时，刚爬上火车的他终于可以松一口气。

这两年的磨炼让卡耐基在工作上有了很出色的表现，然而，正在这时，他却辞职了。随后，他去了纽约，在美国的戏剧艺术学院做研究，随后他又游历全美，出演舞台剧。不过，卡耐基对自己有很深刻的认识，知道自己在这方面不会有什么造诣，所以，他再次选择经商，成为“展克特汽车公司”的成员之一。

卡耐基从未接触过机械与汽车方面的专业知识，他也不想去研究，所以那段时间，他在工作上并不快乐，甚至强迫自己才能勉强去工作。一段时间后，他还是辞职了，去夜校任教，有了更多的空余时间后，他开始潜心写作。

但新的苦恼又来了，他并不知道教些什么，苦思冥想后，他发现，让自己的双眼熠熠生辉的，就是曾经接受过的演讲。他知道，演讲能帮助人们获得与人沟通和交往的能力，所以，他找到纽约青年会学校，希望他们能给自己一个机会，为社会各个阶层的人开设这样一个演讲培训班。

也许你会感到诧异，从一个推销工作者成为一个演说家？确实，就连纽约青年会学校也吃惊了，因为他们曾多次尝试开设这样的培训班，但都失败了。在一番考量后，学校决定支持卡耐基的请求——每晚给他支付2美元的报酬，但卡耐基坚持自己可以不要2美元，建议按照收取学员佣金的方式拿报酬。因为卡耐基知道，如果3年内自己的培训班有初步效果的话，那么，自己获得的报酬绝不止每晚2美元，而是30美元。

事实确实是按照卡耐基所预料的方向发展的，他的培训班得到了快速的发展，各地青年会和其他城市的商业组织都熟知了卡耐基的名字，并且开始邀请他演说。他从一个名不见经传的销售员成为家喻户晓的演说家，他的行程开始被排满。他的足迹遍布纽约、费城、巴黎、伦敦等地，随后，他出版了《演讲与商业的关系》，这本书后来成为美国各个阶层、各个行业的正式教材。现在，每一个季度去卡耐基培训班接受演说培训的人，比整个纽约的22所院校以及附属院校开设的演说培训班的人员还要多。

对于演说的窍门，卡耐基有自己的看法，在他看来，任何人，只要满怀热情与自信，那么，他在公众面前开口演说都是十分容易的。为什么呢？他说，人们在情绪高涨的时候，无论是谁，即使是软弱无能的人，都能说出一番话来，就好像那些脾气好的人被欺负时，他们也可以一拳将对方打倒在地。在那一刻，他所显示出来的口才和激动的情绪，往往都能命中要害，甚至可以成为一名大演说家。

卡耐基认为，要想克服内心的恐惧、逐步树立自信，就要做到越是害怕什么越是努力去做，这样才能获得成功的体验。所以，每次上课的时候，他都强迫听课的学生站起来练习说话，很多学生一开始来到培训班的时候，基础都差不多，他们会一起加油和努力，彼此鼓励，并且还能互相帮助、加强训练。

这些年，卡耐基从开设培训班和巡回演讲中获得的报酬，确实让他的生活获得了改善，让他尤为骄傲的是，他的工作很有意义，因为他切实帮助了不少人克服了内心的恐惧，提升了说话的水平和与人相处的技巧。

一开始，卡耐基设立的培训班只有演讲，但是去报名的大多数都不是学生，而是工商界人士，对于他们来说，已经很多年没有进课堂学习了。前来接受培训的人，都是分期支付学费，他们的诉求是希望获得快速的成长，希望能对他们的销售工作或者提升业务水平有所帮助，希望能在工作中切实运用这些技能。

考虑到这点，卡耐基提出为何不将演讲培训与推销、人际关系以及应用心理学这些领域相结合呢？这是卡耐基的一大发现。

与一般枯燥无味的培训课程不同的是，卡耐基的培训班自由、灵活且有趣，从培训班毕业后，很多学生自发组织了一些俱乐部，且经常聚会。在费城，就有个19人的俱乐部，每年冬天都要聚会两次，而且已经维持了17年，其中一些人离聚会地点很远，但即使驱车50英里乃至100英里，他们也会前来参加。

哈佛大学著名教授威利姆·詹姆士在提到卡耐基的培训课程时，曾评价，处于平凡岗位上的人们一般只能开发自己10%的潜能，但卡耐基找到了更为有效的一种开发方式，他能帮助人们释放出更多甚至是全部的潜能，这是成人教育最为成功的地方之一，也是人们要努力达到的目标。